智能化武器装备及其关键技术

赵睿涛　孙宇军　彭　灏

李　璜　彭　鹏　王　凯　编著

国防工业出版社

·北京·

内容简介

人工智能的迅速发展将深刻改变人类社会生活、改变世界。未来一体化联合作战的现实需求和军事智能科技的强力推动，必将使智能化武器装备成为军事强国军队建设的重点。如何认识智能化武器装备、重点发展哪些智能化武器装备、智能化武器装备需要哪些关键技术、智能化武器装备有哪些发展规律和特点、智能化武器装备将会对未来作战的方方面面产生怎样的影响，这些问题都是科学开展智能化武器装备建设首先需要解决的问题。

本书共4章。第1章绪论，重点介绍智能化武器装备及其关键技术基本概念，为读者提供相关的知识基础，并展现出一幅完整的画面，让读者全面地了解智能化武器装备及其关键技术的发展现状、发展重点和发展趋势等。第2章智能化主战装备，深入介绍智能主战平台及其关键技术，覆盖陆战领域、空战领域和海战领域等主要作战领域，包含精确制导武器、无人机、军用机器人等。第3章智能化电子信息装备，深入介绍智能化电子信息装备及其关键技术，涵盖韧性基础设施、全域探测感知、智敏情报侦察、智能指挥决策和智能网络对抗装备等。第4章智能化保障装备，深入介绍智能化保障装备及其关键技术，涵盖智能化保障设备及保障智能筹划技术、保障协同投送技术和保障行动智能管控技术等。

本书力求用通俗的语言和大量的事例，向读者介绍信息系统特别是智能化武器装备及其关键技术的相关知识，阐述其对提升智能化时代作战能力的作用，力求做到系统性、权威性、知识性和趣味性。

图书在版编目（CIP）数据

智能化武器装备及其关键技术/赵睿涛等编著. —北京：国防工业出版社，2021.1（2024.11重印）
ISBN 978-7-118-12295-4

Ⅰ.①智… Ⅱ.①赵… Ⅲ.①智能技术—应用—武器装备 Ⅳ.①E92-39

中国版本图书馆 CIP 数据核字(2021)第 011079 号

※

国防工业出版社出版发行

（北京市海淀区紫竹院南路23号　邮政编码100048）
北京凌奇印刷有限责任公司印刷
新华书店经售

*

开本 710×1000　1/16　印张 11¼　字数 172 千字
2024 年 11 月第 1 版第 2 次印刷　印数 1501—2000 册　定价 65.00 元

（本书如有印装错误，我社负责调换）

国防书店：(010)88540777　　书店传真：(010)88540776
发行业务：(010)88540717　　发行传真：(010)88540762

前　言

随着人工智能技术快速发展和在军事领域的广泛应用,智能化成为未来战争的重要趋势,武器装备的智能化建设也成为世界主要国家军队建设的重点。当前,美国、俄罗斯、日本等国竞相发展智能化武器装备和作战力量,力图在新一轮军事技术革命和未来军事斗争中掌握主动权。美军在近几场局部战争中能够以较小人员伤亡的代价取得胜利,其武器装备上的非对称优势功不可没。

习主席指出,人工智能是引领这一轮科技革命和产业变革的战略性技术,具有溢出带动性很强的"头雁"效应,正在对经济发展、社会进步、国际政治经济格局等方面产生重大而深远的影响。党的十九大报告中明确提出要加快军事智能化发展,智能化武器装备是军队实现智能化的关键因素,是武器装备现阶段发展的重点。可以预见,随着人工智能技术的迅猛发展及其在军事领域的广泛应用,无人主战平台、智能电子信息装备等在现代战争中的地位正在日益凸显,推动着作战理论、作战方式、制胜机理的重大变革,也深刻地改变着战争的形态。

本书的编写工作得到军委装备发展部、军事科学院、中国电子科技集团电子科学院、北京信息科技大学和国防工业出版社等单位的大力支持。多名专家对本书相关内容进行了审读和把关。在付梓之际,谨对参与本书编写、审定的各位领导和专家表示诚挚的谢意。此外,本书在撰写当中参考了业内众多专家学者的研究成果,在此也一并表示感谢。

本书主要面向全军团以上指挥军官,力求用通俗的语言和大量的事例,向读者介绍智能化武器装备及其关键技术的相关知识,阐述其对提升智能化时代作战能力的作用,力求做到系统性、权威性、知识性、趣味性,为提高我军官兵知识水平、掌握智能化作战能力提供必要的知识储备。尽管编写组做了最大的努力,各位领导、专家、作者、编辑人员也付出了大量辛勤的劳动,但由于编者水平和时间所限,书中难免存在缺点和不足之处,敬请各位读者批评指正。

编者

2019 年 12 月

目 录

第1章 绪　　论 ... 1
- 1.1 概念与内涵 ... 1
- 1.2 发展现状与发展趋势 ... 7
- 1.3 重点装备 ... 21
- 1.4 关键技术 ... 38
- 1.5 发展影响 ... 48

第2章 智能化主战装备 ... 59
- 2.1 概念内涵与发展需求 ... 59
- 2.2 发展现状与发展趋势 ... 61
- 2.3 关键技术 ... 76
- 2.4 发展影响 ... 107

第3章 智能化电子信息装备 ... 111
- 3.1 概念内涵与发展需求 ... 111
- 3.2 发展现状与发展趋势 ... 116
- 3.3 重点装备 ... 131
- 3.4 关键技术 ... 138
- 3.5 发展影响 ... 144

第4章 智能化保障装备 ... 148
- 4.1 概念内涵与发展需求 ... 148
- 4.2 发展现状与发展趋势 ... 151
- 4.3 重点装备 ... 164
- 4.4 关键技术 ... 168
- 4.5 发展影响 ... 170

第1章 绪　　论

现代化战争具有参与要素多元化、参与环境不确定性大、非零和博弈等特点,未来联合作战具有高度复杂性。为满足未来战争需求,武器系统必须具备高适变性、高精准度、高时效性、高安全性、高可靠性、强体系性等特点。近年来,随着传感网、大数据、云计算、脑科学等信息技术的快速发展和计算机硬件系统性能、计算技术不断取得突破,推动人工智能技术不断取得重大成就。人工智能凭借其强大的赋能性正在引领新一轮科技革命,人工智能技术所具备的学习能力和应对不可预测环境变化的能力,将为武器装备发展带来新的契机,在提升武器装备作战效能、保护国家安全等方面具有重要的战略意义。

1.1　概念与内涵

智能化是信息化的高级阶段,是目前军事技术发展的主要方向,人工智能可能引发新一轮军事技术革命,而智能化武器装备作为承载人工智能的军事载体,在大力发展过程中将催生新的战争形态。

1.1.1　基本概念

人工智能的主要优势是通过对海量数据的挖掘、融合与处理实现自主学习。大数据、云计算是人工智能的基础技术,人工智能是基于数据、算法的模拟思维的实践应用。1956年,达特茅斯会议上定义了人工智能,标志着人工智能的诞生。人工智能初期研究多关注于机器处理一切智能任务的强人工智能,遇阻之后逐渐转向应用于专门领域的弱人工智能。从20世纪80年代开始,基于计算机的机器学习逐渐成为人工智能技术的主流,使计算机具有学习和构建模型的能力。2006年,深度学习的出现解决了人工智能技术遇到的一系列困难,人工智能开始迅速进步;同时,基于深度学习和神经网络、具备学习及与人类交互功能的认知计算开始出现。

智能化战争是以人工智能为技术支撑、以算法为制胜因素、以无人装备为主战力量、以集群作战为主战样式的新一代战争形态,推动战争形态从重在比拼力度、速度、广度、精度向智度转变。智能化武器指的是具有人工智能技术的高科技武器装备,通常由信息采集与处理系统、知识库系统、辅助决策系统和任务执行系统等组成,具备感知、决策和反馈能力,能够自行完成侦察、搜索、瞄准、攻击目标和收集、整理、分析、综合情报等军事任务,通过感知自身状态及战场环境变化,实时替人类完成中间过程的分析和决策,最终形成反馈,实施必要机动,完成作战使命。

一般认为,智能化武器装备分为智能化主战装备、智能化电子信息装备和智能化保障装备,包括空战装备、陆战装备、海战装备、信息基础设施、态势感知信息系统、指挥决策信息系统、行动控制信息系统、支援保障信息系统、后勤保障系统、装备维修系统、感知类保障装备、防化类保障装备、军交类保障装备、工程类保障装备等。将人工智能技术应用于武器装备,可适应未来"快速、精确、高效"的作战需求,使武器装备对目标进行智能探测、跟踪,对数据和图像进行智能识别,以及对打击对象进行智能杀伤,大大提高装备的突防和杀伤效果。

1.1.2 发展必然性

在过去5个世纪里,每次科技革命的发生都促进了一系列的武器创新,国际战争的武器体系和战争形态随之发生转变。简而言之,第一次科技革命促进了火枪和火炮等的发展,战争形态从冷兵器战争转变为热兵器战争(火枪炮战争);第二次科技革命促进了铁甲战舰和机枪等的发展,战争形态从火枪炮战争转变为半机械化战争;第三次科技革命促进了飞机、坦克和航空母舰等的发展,战争形态从半机械化战争转变为机械化战争;第四次科技革命促进了导弹和核武器的发展,出现了核战威胁和冷战对抗;第五次科技革命促进了电子武器和精确制导武器等的发展,战争形态从机械化战争转变为半信息化和信息化战争。

当前,世界新一轮科技革命正孕育兴起,其中人工智能技术占据主要地位,并开始广泛运用于军事领域,未来极有可能引领世界新军事革命发展态势,推动信息化战争向智能化战争转变。智能化战争是人类社会和军事技术发展的必然结果,反映战争形态演进的历史规律,体现出以下特点:

(1)延伸人类能力的必然趋势。战争形态的革命性变化,本质上是人类对自身能力的不断强化和拓展。前几轮军事技术革命提升了作战体系的杀伤力、机动力、信息力,增强了人类"手""脚""耳目"的功能。以人工智能技术大幅提升决策力,增强的是人类"脑"的功能。

(2)抢夺战争正确的必然趋势。人类战争史经历了维度不断拓展、制权不断升级的发展过程。从制陆权到制海权、制空权,再到制天权、制信息权,人类不断开辟新的作战领域,争夺新的战略制高点。智能化战争时代,军事斗争焦点延伸至认知域,"制智权"成为未来战争的"新高地"。

(3)转化科技创新的必然趋势。战争形态发展变化是科学技术取得突破的结果。冶金技术带来冷兵器战争,火药和火器带来热兵器战争,蒸汽机、内燃机带来机械化战争,计算机、卫星、互联网开创信息化战争。人工智能相关技术催生智能化战争。信息化战争中动态海量数据超出人脑处理能力极限,必须求助于人工智能,智能化战争应运而生有着内在的迫切需求。

1.1.3 主要特征

早在1947年,即世界上第一台电子计算机问世的两年后,一些科学家就提出了"人工智能"的概念,到1956年,这一术语被科学界正式首肯。20世纪60年代后,随着计算机、微电子和通信技术的发展,利用计算机软件模拟人脑的信息处理过程成为可能,并逐步进入实用阶段,推出了体现"智能行为"的控制程序。1966年,美军利用"科沃"机器人潜入750m深的海底,成功打捞出一枚失落的氢弹,引起了世界各军事大国的关注,人工智能技术巨大的军事潜力为世界各国所认识。为了争夺军用高科技的优势,从70年代末,英国率先将研制出的"轮桶"机器人征召服役;美国在1988年正式成立了人工智能中心,专门从事人工智能军事应用方面的研究。智能武器装备的发展在经历了60年代、70年代两次高潮后,在信息技术、计算机技术、微电子技术、超微细工程技术等高技术群体迅猛发展的推动下,正向更高层次发展。

智能化武器装备借助人工智能技术,具备感知、决策和反馈能力——感知自身状态及战场环境变化,实时替人类完成中间过程的分析和决策,最终形成反馈,实施必要机动,完成作战使命。智能化武器装备通常具备以下特征:

(1)自动目标探测识别和多传感器数据融合。智能化武器装备利用计算机、数据库、人工智能等技术,不仅能从复杂环境下有效提取目标的轨迹,还能进行多传感器的数据融合,综合处理多种传感器的数据。在得到的目标或数据不完整时,可通过联想得到合理结果;具有人类行为特性,出现仿真视觉、仿真听觉和仿真语言等能力,可捕获目标本身发出的一切信息。

(2)具有智能抗干扰和电子对抗能力。能够克服作战任务中,自然环境(天气、昼夜、寒暑等)和电磁环境等带来的不利影响,自动、有效地进行敌、我、友目标识别,减少甚至消除打击目标时的错误选择。

(3)具有实时预测和评估战场态势、毁伤效果的能力。发射平台和武器本身装配有专家系统,综合利用接收的天基、地基、海基或地面控制站的信息及敌方武器的电磁及声波等信息,对战场态势和毁伤效果进行预测和评估。

(4)具有自主决策的能力。当目标特征变化和其他作战条件改变时,能够自主制定作战对策,选择最优方案,实现目标的精确打击。

(5)具有智能目标杀伤的能力。采用群体编队作战模式,不同成员间相互的协调,在兼顾环境不确定性及自身故障和损伤的情况下实现重构控制和故障管理,实现对目标的智能杀伤。

1.1.4 基本构成

从功能上划分,智能化武器装备主要分为智能化主战装备、智能化信息系统装备和智能化保障装备三部分。

1.1.4.1 智能化主战装备

根据主战装备的作战域划分,智能化主战装备主要包括陆战、海战和空战装备,主要支撑技术包括军用物联网技术、人机交互技术、无人装备集群技术和智能数据处理技术。根据技术的不断发展和融合创新,主战装备的智能化体系也将分为以下5个层次:①战场感知的泛在化,广谱感测技术与物联网技术将外层空间、临空、空中、陆地、海上、深海构成一体化战场感知体系;②武器装备的自主化,武器层级的无人化装备占比日益增大,不断改变作战力量的组成结构;③指挥决策的智能化,人工智能技术的深度运用将实现由经验决策向智能决策转变;④作战运用的集群化,将在单元层级形成自主化的作战集群与编队,人机协同作战和自主对抗的智能化战争成为可能;⑤作战体系的云态化,各类作战人员、装备、设施、环境要素在云态化的战场态势支撑下,形成巨型复杂自适应对抗体系,云聚融合网聚成为新的作战力量汇聚机理。智能化主战装备的结构如图1-1所示。

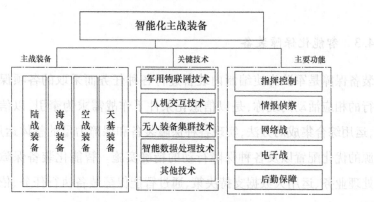

图1-1 智能化主战装备的结构

1.1.4.2 智能化信息系统装备

军事电子信息系统是以提高诸军兵种一体化联合作战能力为主要目标,按照统一的体系结构、技术体制和标准规范,集成指挥控制、预警探测、情报侦察、网络通信、测绘导航、信息对抗、后勤保障、装备保障等各领域及各军兵种要素,而形成的网络化、服务化、自主化信息系统。综合考虑各作战领域的智能化趋势和变革性影响,将智能化信息系统装备划分为信息基础设施、智能联合作战、智能作战应用三部分,其组成结构如图1-2所示。

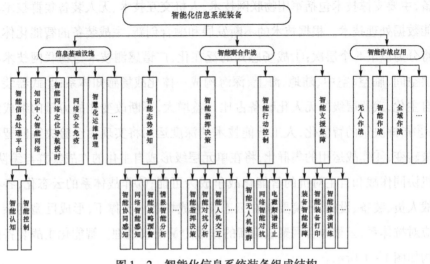

图 1-2 智能化信息系统装备组成结构

1.1.4.3 智能化保障装备

装备保障是军队为使编制内装备遂行各种任务而采取的各项保证性措施与进行的相应活动的统称,是以信息化条件下作战需求为牵引,以信息系统为支撑,运用综合集成的方法,实现各种保障装备和保障力量的整体运用、各种保障资源的优化配置以及各种保障行动的精确实施。智能化装备保障利用信息系统处理业务、运用大数据支持决策、通过智能保障装备执行任务、依托信息网络协同行动。

智能化保障装备由智能化保障系统和智能化保障装备两部分组成,如图1-3所示。智能化保障系统重点发展智慧军事交通物流系统、军地一体化智能保障系统、智能化装备维修保障系统等联合支援保障类信息系统,建立资源可视掌握、需求实时预测、保障智能筹划、行动全程调控的军地一体支援保障体系,支撑平时统筹规划、战时协同联动、战试训一体推演训练,确保综合保障的精准聚焦。智能化保障装备重视装备本身智能性能的提升,使用新材料以及人工智能、无人系统等新技术,重点发展智能感知装备、智能运载装备以及能够对自身状态进行智能调节、控制、监控与诊断的防化与工程保障装备,支撑高机动性能伴随保障。

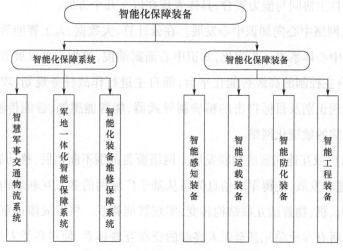

图1-3 智能化保障装备组成体系

1.2 发展现状与发展趋势

随着人工智能技术的不断进步，计算机处理速度的不断提高，新技术、新材料、新工艺等前沿基础技术的发展应用，将大幅提高无人作战系统的自主作战能力，带来包括无人机、无人舰艇和无人战车等更多先进无人系统，推动基于人工智能的武器装备向着更加自主决策、聚合众多单体智能实现群体智能、人脑融合等方向发展，并通过集群技术推进跨多个作战域的立体化无人作战体系。

1.2.1 总体发展趋势

在未来覆盖陆、海、空、天、网、电等实体和虚拟战场的体系作战中，智能将渗透到各作战环节中，作战平台实现无人化和智能化，分布式部署于全战场纵深，融合于作战体系的每一作战单元和作战要素，使得军事信息系统具备更加透彻的感知、更加高效的指挥、更加精确的打击和更加自由的互联。未来军事信息体系是具备智能化、泛在化、无形化特征的作战体系，依托全球化网络基础设施建设，运用云计算、大数据和人工智能等前沿高新技术，提供智能感知、泛在互联、有人/无人高度协同、快速精准打击、智慧保障等能力，支撑全网资源的优化调度、自主协同与能力聚合,具体表现在以下几个方面。

(1) 从网络中心向知识中心发展。在云计算、大数据、人工智能等新技术推动下,网络中心体系进一步演化,知识中心渐露端倪,成为未来发展方向。将发展能完全自主控制的高级智能化平台,能自主进行作战任务规划、攻击路径选择、目标发现识别及目标打击的精确制导武器,能智能感知、智能传输、智能指挥、智能欺骗的敏捷化网络。

(2) 从广域互连向智能物联发展。网络覆盖范围不断拓展,移动通信、物联网等技术蓬勃发展,使得军事信息体系从基于广域网的多点互联结构向基于泛在网络的人、机、物普适互联结构转变,实现智能物联。将发展渗透覆盖物理世界、服务于所有参战单元甚至无人终端的泛在互联体系,使得各类人员、信息系统、武器平台等有机融合,支撑一体化联合作战。

(3) 从局域共享到智能协同发展。作战体系主要功能和数据加速向云端迁移,前、后台分离趋势愈加明显,云端互动、全域智能协同成为发展趋势。将建立协同探测的全域智能感知体系,具备快速响应能力、与其他平台/侦察手段协同工作的能力;并将开展弹间协同数据链、跨平台信息共享和武器协同、分布式协同处理、战斗云协同攻击等关键技术研究,实现目标协同探测、自主分配、复合跟踪、识别、协同制导和远程快速打击。

(4) 从静态防护向安全免疫发展。作战体系边界日趋模糊,物理实体、社会个体有机融入,推动安全范畴向网络电磁空间拓展。将发展"监、防、控"多维一体的网络攻防能力,支持非合作网络侦察、通过无线植入病毒、挖掘数据链协议漏洞进行欺骗性攻击等网络多维打击,以及网络攻击预警、网络空间情报分析、信息环境保护、攻击探测和系统恢复等多维防御。

1.2.2 智能化主战装备发展趋势

根据世界主要国家军事技术和武器装备发展趋势,智能化武器装备将经历以下发展阶段:萌芽期,2030年前,无人机、作战机器人等智能化武器装备发展迅速,有人、无人混编部队在实战中尝试运用;发展期,2050年前,无人战斗机、无人坦克等主战平台大量出现,有人、无人混编部队广泛用于实战;成熟期,

2050年后,主战武器平台无人化,无人作战装备在数量上超越有人作战装备占据主体地位,出现各类专业无人化部队。以美国为代表的军事强国在脑控武器装备、仿形机器人研制方面不断取得重大突破,无人自主系统加快向实战应用迈进。美国陆军计划2035年前由无人机承担大部分空中侦察监视以及75%的攻击、空中后勤补给等任务。

1.2.2.1 无人化

随着人工智能技术的发展,以及人机交互水平的提高和深度的扩展,无人系统将具备更多自主感知、自主分析、自主决策、自主打击等能力,成为智能化武器装备的重要组成部分,在武器装备的占比日益增大,不断改变作战力量的组成结构。无人化智能装备技术赋予作战体系具备一定程度的智能化指挥决策和自主化行动能力,从而产生能够自主和协同完成进攻和防御作战任务的装备技术。具体到陆、海、空各作战域,侦察型、武装型和仿生机器人成为地面无人自主系统装备的发展重点;新型空中无人系统的研制开发速度加快;水面无人自主系统发展重点关注反潜及水面集群作战能力。

在下一步的发展中,由于作战环境会日趋复杂,且具有高度动态性,若无人作战系统要实现更高程度智能化,甚至在全自主模式下运行,则需要具备对复杂环境的理解能力,对各种动态事件的及时响应能力,以及针对各种意外事件的特殊能力,这都对无人自主系统提出了极高要求。然而,虽然近年来人工智能技术取得了一系列进展,但大多集中于弱人工智能领域,针对强人工智能领域即通用人工智能的研究将是未来一个阶段的发展重点,以实现实质性突破。预计于2030年前后,美国可初步掌握自主决策的智能技术。

1.2.2.2 实现更大程度的联网

物联网极大地提高军事资源的利用率,增强军事活动的效果,并可广泛应用于指挥控制、情报侦察、环境监测、军事物流、装备保障等各类具体领域,为提升基于信息系统的体系作战能力提供有效的技术支撑。随着5G、大数据、云计算等新一代IT技术充分运用在军用物联网中,通过把感应器嵌入和装备到卫星、飞机、导弹、舰船、车辆、人员、物资、医疗器材等各种军事要素中,通过5G网络进行高效、低成本的信息互换,将进一步实现战场指挥与各军事要素的有效整合。届时,战场上的每一个作战单元就可进行精确定位和协同,每一个要素都可以连接到物联网,并与指挥控制系统实时交互,形成完备的战场态势图。军用物联网可以将战场上的任何武器装备、人员器材联系在一起。

海湾战争以来,美军已经初步建立起太空、空中、地面、水下、网电一体化的战场感知体系,能够通过融合多源情报,绘制战场"通用作战图",形成对多维战场空间的态势感知能力。当前,美军正在发展新的感知平台和手段:①高空持续侦察监视平台。采用液氢动力推进装置的"鬼眼"无人机已实现首飞,该无人机可携带200kg载荷,在近2万m高空持续飞行4天。②海上广域侦察监视平台。美国海军采购的MQ-4C"海神"无人侦察机侦察范围可达700万km^2,显著提升美国海军的广域海上监视能力。③能够穿透云层的高性能视频监视手段。美国国防高级研究计划局(Defense Advanced Research Projects Agency, DARPA)正在研制"视频合成孔径雷达",能够穿透云层和尘埃捕捉地面机动目标,提供高分辨率、全动态视频,可装备于多种空中平台。④水下信息环境持续监测平台。美军在前沿海域及沿岸地区构建了信息环境持续监测网络,为联合部队提供水下战场空间态势,在对抗环境中确保联合部队指控通道顺畅。

2016年6月,在法国巴黎维特潘特展览中心举行的第13届欧洲"萨托利"防务与安全国家展览会上,美国展出了"爱国者"PAC-3系统和"萨德"系统的拦截弹。美国陆军正在研制的一体化防空反导作战指挥系统(Integrated Air and Missile Defense Battle Command System,IBCS)旨在将现役在研的多种防空反导系统整合为一体化防空反导网络。届时,"萨德"末段高空区域防御系统、"爱国者"PAC-3防空反导系统、"复仇者"防空导弹系统以及改进型"哨兵"防空雷达系统等多种类、多建制的武器系统和传感器系统都将通过IBCS实现互联、互通、互操作,使美国陆军防空反导部队实现对各种空中威胁的全谱控制和联合防御。IBCS于2018财年具备初始作战能力,实现与"爱国者"PAC-3系统的一体化,2020财年实现与"萨德"系统的一体化。

1.2.2.3 无人化装备加速规模化、集群化和跨域化

大规模集群作战是智能化战争的主要作战样式,各作战域无人系统集群度

将进一步提升,并通过跨域协同,实现陆、海、空多域一体联合打击。数量庞大、成本低廉、结构简单的无人作战装备将取代信息化时代的高技术、高成本的武器装备,并主要通过集群和数量优势战胜敌人。一是饱和式突防。以集群优势消耗敌人防御,使敌人防御体系的探测、跟踪和拦截能力迅速饱和,陷入瘫痪。美国海军模拟实验表明,使用 8 架小型无人机组成的集群攻击"宙斯盾"系统,至少 1 架成功突防,如将无人机数量增至 10 架,则有 3 架突防。二是分布式杀伤。大量不同功能的智能化无人作战平台混合编组,形成集侦察探测、电子干扰、网络攻击、火力打击于一体的作战集群,从多个方向对同一目标或目标群实施多波次攻击,快速致其损毁瘫痪。三是覆盖式机动。机械化和信息化战争中通过速度和火力实现机动的方式被大数量广域集群覆盖的机动方式所替代。美国海军设想,未来在 25min 内投放上万只微型无人机,覆盖 4800km^2 战场区域担负"蜂群"作战。

当前,美军正在构建覆盖三军的无人作战体系:在空军方面,构建包括无人机在内的新型空中作战体系是未来的一个重要发展方向,美国空军计划未来智能类装备主要支撑一体化联合作战、体系协同作战等指挥控制;在海军方面,打造由无人舰艇和无人机构成的新型无人化海空作战体系是其主要举措,预计到 2020 年,将建成一支新型的水下无人作战部队;在陆军方面,开发新型无人战车是未来陆战场无人化的一个重要体现。当前,美国 X-47B 舰载无人攻击机成功完成自助加油试验,是无人自主作战系统实用化的一个里程碑事件。美军在无人海上系统也研发了反潜持续跟踪无人艇(Anti-Submarine Warfare Continuous Trail Unmanned Vessel,ACTUV)、大排量无人潜航器(Large Displacement Unmanned Underwater Vehicle,LDUUV)等多项产品。目前,美军正在研制拥有智能攻击能力的新一代无人潜航器,研发的装备包括自动驾驶战车、反潜无人机械船、智能电子战系统、"半人马"人类作战行动辅助系统等。美军计划 2030 年前无人平台作战力量比例达到 50%,2035 年前由无人机承担 75% 的攻击任务;俄军计划 2030 年前无人作战飞机比例达到 30%。

1.2.2.4 算法在智能化武器装备中的重要性不断提升

智能化作战体系中每种武器装备硬件都对应有软件算法作为灵魂,机体在灵魂的意识驱动下才能作战。美国国防部当前创新的重点已由平台转向软件算法。数据处理算法可以"以软补硬",充分发挥美军在数据资源占有和人工智能、大数据等方面的优势,从而谋求这样的目标:对手虽然在装备规模和技术硬件等外在"显性"特征上迫近,但在敏捷性等"聪明"程度的"隐性"特征上被拉大了差距。

美军寄希望于自主化的人工智能算法,通过人机结合的方式对无人机全动态视频海量数据进行分析,以支撑复杂对抗环境下快速、合理决策。这种方式的人工智能应用,并未取代人类做出决策,而是将人类无法洞见的数据信息快速而有规律地呈现。美国国防部以无人机视频数据算法试水人工智能在军事领域的运用,正是探寻基于算法的人工智能成为军事战斗力组成要素的路径,巩固基于算法的技术倡议,推动人工智能算法的设计、融合与运用逐步成为未来战争的核心发展能力。

算法的发展将分为3个层次:首先是应用层,是直接支持各种应用的特定算法,如美国国防科学委员会提出的算法应用的5个方向分别是"未来路线选择"生成、支撑自治群体、物联网入侵检测、建立自主的网络弹性军事运载系统、规划自主空战;其次是基础层,是对多种应用都有支撑的共用性算法,如深度学习相关算法等;最后是转化层,是把基础层的共用性算法嵌入应用层特定算法的工作。随着作战体系智能化水平的不断提升,算法作用日益增大,算法体系构建的成败将成为决定军事能力发展和竞争优势的关键。

1.2.2.5　与人类智能融合协同

人机合理分工是脑机融合的关键。智能化作战中人始终是主导。人脑的优势在于创造性、灵活性、主动性,劣势在于当受疲劳、遗忘、情绪等生理和心理条件影响时,工作速度会变慢、精度低,不适于重复性、烦琐性、单调性的任务;而机器的优势在于不会疲劳、不会遗忘、没有情绪、速度快、精度高,劣势在于程序化、被动性、部署复杂。即便是人工智能,也需要数据来学习和训练,否则不具有认知能力,适合于规范、重复、烦琐、单调的工作,不适于非常规、跳跃性强的工作。因此,高层决策、总体规划等艺术性强的工作应由人脑来处理,把需要大量、精确、高速的数据信息记忆、计算、管理任务交给机器,充分发挥脑机两者优长、弥补短板。人机高效交互是脑机融合的支撑。人机交互,是让人、机器能够互相理解的媒介,目的是让机器能"听"懂人类语言、"看"懂人类动作与表情、"理解"人的情绪、意图,并把计算过程和结果用人容易理解的方式呈现出来。智能化作战涉及的信息、数据种类多、容量大、时效性强,更需要通过视觉、听觉、文本、动作乃至脑电等多种形式的数据信息进行人机交互,建立人脑与机器间快速、准确的信息通道,支撑实用高效的脑机融合。

通过机器智能辅助人类智能,实现以人指挥为主向人机高效协同的转变,是未来智能化武器装备的重要发展方向。在交战态势感知涉及每秒钟海量(陆、海、空、天、电、网、脑等多维度)数据的时代,指挥员靠人脑现场做出占据判断,形成并选择作战方案,定下作战决心,下作战指令的难度极大。智能化战争模式的核心是全要素信息的自动获取,智能化信息解析,瞬间生产作战方案并自动迭代优化,直观地提供给指挥员快速做出选择,然后瞬间将作战指令发送到需要获得作战指令的各层级指挥员和战斗员,并持续闭环地形成智能化迭代的优化作战方案。

美国国防部明确将人机协同、有人/无人作战编组作为"第三次抵消战略"的关键支撑技术。此外,美国各军种也正采取相应措施,积极推进人机协同作战。2016年,国防部将人机编组作为"第三次抵消战略"中重要的作战能力,未来5年将投入30亿美元推进人机混编,将复杂系统分解成协同行动的低成本系统,形成全新作战能力。美军在其最新的无人系统路线图中进一步强调了无人装备的协同发展和联合应用;美国陆军计划建设一支由有人-无人系统团队组成的现代化部队;美国空军验证了有人机/无人机编组对目标进行自主打击的能力;美国海军正在大力推进空中、水面和水下无人系统协同能力发展,已验证了水下-水面-空中人机编组跨域协同作战能力,力图打造高效协同的新型海上作战体系。

1.2.2.6 逐步实现"四全"作战

通过借助大量人类先验知识和原始数据的训练,目前已经能够实现人工智能系统的自主学习与进化,这将最终大幅提升武器装备的自主感知和判断能力,强化对制智权的争夺。首先在感知阶段展开,从最传统的隐蔽伪装、电磁静默到电子对抗,再到黑客接管及量子通信等智能技术的军事应用,都是军事感知对抗的组成部分,目的是让对手无法进行感知或者感知到垃圾信息、虚假信息,确保己方准确、快速地感知对手和战场。在认知的理解和推理阶段,制智权的争夺则主要是在智能化手段辅助下通过战术、谋略运用,让己方能够制订合理的决策方案、计划,使对手无法或难以准确判断、理解我方行动意图。同时,也可以通过对脑机能干扰和影响人员思想意识、价值判断、心理情绪等,扰乱、破坏对手的认知,还可以通过攻击、破坏辅助决策和自主武器装备信息数据处理硬件,达到占据认知速度、获取质量优势的目的。未来,战场上的无人机、无人车、机器人等无人装备甚至可以像"阿尔法狗"围棋系统那样,在没有人类先验知识和原始数据输入的情况下,通过自学完成相关任务。届时,高度智能化的无人装备有望实现战场自主感知、自主判断、自主决策、自主行动,成为真正意义上的"智械"。

随着上述各项技术以及协同技术的继续成熟,将出现真正意义上的"四全":全天候、全时空、全方位、全领域战争。①作战空间极度拓展。作战地域向极地、深海、太空、核生化污染区域等极限环境拓展,陆、海、空、天、电、网、脑各领域相互深度渗透,特别是认知域、信息域渗透贯穿其他领域,作战领域更加模糊。智能化无人装备平时即可长期嵌入敌人内部,随时发起隐蔽攻击,平战界限更加模糊。②作战节奏极度加快。以人工智能技术为支撑的无人自主作战大幅压缩"观察—判断—决策—行动"周期,从信息化战争的"瞬时摧毁"发展为智能化战争的"即时"摧毁。美军作战实验证明,人的视觉反应时间为 $0.15 \sim 0.3s$,遥控无人机有 $2s$ 的操控时间延迟,难以与有人机进行空战,而安装"空战智能系统"的无人机反应时间仅 $0.001 \sim 0.006s$,在空战中占据明显优势。③作战样式极度灵活。传统战争中,作战力量刚性部署,临机调整较为困难,具有可预测性。在智能化战争中,人工智能系统能够提出极为丰富的作战方案,加之无人作战平台能够在不同功能角色之间快速切换,作战运用更为大胆冒险,战术战法更为出乎意料。

1.2.3 智能化信息系统装备发展趋势

面向具备体系化、智能化、泛在化、无形化等特征的未来战争形态,鉴于目前军事信息技术呈现更迭加快、全球化趋势加剧等特点,军事信息系统将综合运用物联网、云计算、大数据、人工智能等现代信息技术,实现信息基础设施、探测感知、指挥决策、行动控制和支援保障等领域的智能化发展。

1.2.3.1 信息基础设施网络化、服务化、智能化、自主化

信息基础设施将重点突破移动服务智能接入、网络智能感知、拓扑智能组网、网络智能自我修复等关键技术,具备陆、空、天基以及海上通信的一体化智能互联、精准的时空统一、可信的安全保密等能力,提供智能的信息服务支撑,从而解决作战飞机、舰艇编队等作战平台"响应慢、抗不住、服务弱、自主少"等问题,实现远程远海作战中通信网络自我感知、自我控制、自我修复和自我优化。

通信网络将向宽带化、智能化、虚拟化和抗干扰的方向发展,由分散于天、空、地各层的网络/计算/存储等资源组成,突破智能化柔性组网、软件定义网络、网络功能虚拟化、战场网络弹性服务等技术,提供大容量传输、广域覆盖、随遇接入、智能管控、动态组网、弹性抗毁、跨网系融合服务等能力,实现任何时间、任何人、任何地点都能无障碍通信的网络。

信息服务将向系统知识化、环境泛在化、处理智能化以及架构一体化的方向发展,从信息的海量获取处理向面向用户的"知识服务"转变,并可根据各终端用户对信息的特殊需求,或有目的性地从融合后的信息中实时地挖掘出用户感兴趣的信息,主动、快速、准确、安全地对信息进行封装和分发,以提高战场信息的有效性、共享性和信息传输的快速与安全性,满足用户对信息服务日益增长的能力和功能需求。

导航定位将向网络化、自主化、多样化的方向发展,利用电、磁、光、声、天文、地球基准数据、惯性及其组合等手段,突破定位导航授时增强服务、水下隐蔽导航、自主导航定位和多源融合智能导航等技术,为作战单元提供高精度的位置、速度、时间和姿态等信息,实现覆盖各主要军种和战区的网络授时服务,以及时空统一时差参数、监测信息等时空统一信息服务。

1.2.3.2 全域态势感知透明化、协同化、智能化

在向全域态势发展中,感知节点能够根据对象和任务情境变化,自适应调整感知策略、组织协同探测,同时,可按需获取多源数据并充分融合及深度挖掘,准确展现和预测战场态势,使得能够实时、精准掌握统一战场情况,支撑作战体系各要素形成统一战场态势认知,重点发展领域包括:①大范围、高精度、实时化的探测传感探测器件,利用新式光电效应、量子理论、量子信息技术等前沿科技技术和新型功能材料,实现对目标物的高精度、高效率、高可靠性探测,支持实现全域、精准、实时态势感知,使战场转向透明。②多传感器协同探测,突破多传感器协同部署、协同任务规划、协同识别、协同引导探测接力跟踪等技术,提供多传感器对目标的稳定、全程、全维跟踪能力,提高传感器的一体化部署、一体化使用、一体化作战能力,最大限度发挥传感器的工作效能。③情报智能分析和预测,通过海量的历史数据驱动和知识牵引,突破海量多源异构情报语义特征选择、战场全维度透视图构建、具备类人脑态的智能辅助决策等关键技术,实现战场态势下情报特征表达、规律发现、知识积累、活动分析,支撑对目标的自演化及自学习的透彻感知、自适应预警探测和动向滚动预测。

1.2.3.3 智能指挥决策网络化、智能化、敏捷化

在向智能指挥决策方向发展中,针对多军兵种、多专业要素等各类参战单元联合作战筹划的需求,基于实时战场态势感知与分析预测,按需汇聚决策所需敌我方各类信息,并综合指挥员心智模型、经验知识等开展辅助决策,减少任务分析—筹划规划—方案推演—指令生成过程中人的参与程度,实现"智能处理、智能判断、智能决策、智能反馈"大闭环,具体表现为:①基于网络化设施服务,构建基于网络的筹划作业环境,支持数据共享,将战役级、战术级以及战斗级任务规划系统连接起来,各级、各种任务规划系统在网络协同的基础上完成各自的任务规划内容,实现整个作战任务的分层规划,各类作战单元能够深度联合、高效实时联动。②应用人工智能、知识工程、先进人机交互等技术,将专家知识和经验,以及训练、演习和实战中的各种统计数据、历史案例、计划方案、经验教训等总结、提炼为知识,形成规则,建立推理机制,大幅提升机器智能水

平,面向指挥员提供战场态势辅助认知和预测、任务规划决策建议和优化、智能对抗作战实验分析等智能化支持。③应用先进人机交互技术,通过人机互联的自然交互方式,形成全维战场要素互联、互通,实现混合智能作战,从而颠覆传统以人为主的指挥决策模式,用机器大脑延伸指挥员人脑,实现指挥决策科学性和效率飞跃式提升。

1.2.3.4 灵敏行动控制人机一体、自主协同、无人化和赛博化

在向灵敏行动控制方向发展中,作战单元根据实时战场情境,对自身行为进行自主调整,多个作战单元间能够按需共享信息并根据目标动态、任务调整,实现作战单元间的自主协同、引导,协调一致地实施作战行动。重点发展领域包括:①智能可穿戴、虚拟现实/增强现实等装备,将触摸、语音、体感以及脑—机交互等先进人机交互技术应用于行动控制领域,有效提升智能化装备与作战部队的协作水平,实现混合智能作战,从而颠覆传统以人为主的指挥决策模式,提高联合作战中的指战人员协同效率和指挥控制效能,增强执行斩首或突袭任务的成功率。②多类型作战单位的自主协同作战,围绕作战平台间及精确打击武器之间,开展跨平台信息共享和武器协同、分布式协同处理、战斗云协同攻击等内容研究,完成目标自主分配、协同制导和远程快速打击,实现面向任务的陆、海、空、天、网等多型武器的自主协同和武器平台间协同控制,提高打击与毁伤的效果。③作战无人化,未来无人系统逐步超越有人系统,具备战场人机无障碍交互、多类型任务、突发情况处理和快速到达能力,自主完成战争对抗规律的深度学习、理解和推理,实现集群智能作战。④网电一体攻防,面向监测预警、多维防御、时敏网络攻击的需求,突破信息智能欺骗、网络攻击监测与威胁预警、网络智能定向攻击、基于认知的安全免疫等关键技术,并重点发展定向能武器、动能武器、无人化武器、网络空间武器等具有智能化特征的新型武器装备,进而形成对敌战场关键军事信息系统的综合对抗与体系破击能力。

1.2.3.5 精准支援保障服务化、智能化、一体化

支援保障将以"智能处理、按需服务、军地一体、平战一体"为发展思路,通过构建信息主导、精干高效的联合支援保障体系,形成"统筹训练、实时感知、智

能筹划、快速动员、精准配送、全域到达"的智能化、一体化联合保障能力,解决境内全域机动、境外重点覆盖、精确快速的联合保障,为应对安全威胁、遂行多样化军事任务提供有力支撑,具体表现为:①服务化,将重点加强信息系统融合集成和信息服务中心的建设,依托成体系的运输投送力量,可将保障各类资源和勤务力量在适当的时间投送到适当的地点,实现保障的精确化、快速化、全域化。②智能化,将重点发展人工智能、大数据、云计算等技术,智能采集分析用户需求、智能支撑保障筹划,快速生成决策方案和保障计划,支撑一体化联合作战的保障力量快速抽组,保障行动高效实施。③一体化,将重点推动保障形态从"烟囱式"保障向平战一体、军民联合、区域联合和军种联合的"聚合"方向发展,实现平时建设与战时保障相结合、区域联勤和跨区衔接相结合、军队资源和地方资源统筹/协同运用相结合、横向一体保障与纵向接力保障相结合。

1.2.4 智能化保障装备发展趋势

随着信息化战争形态的加速演进,信息化保障装备将突出信息主导,推进保障装备的信息化跨域发展,实现保障装备能力的倍增效应,并重视装备本身性能的提升,进行通用化、标准化、模块化建设,使用新材料以及人工智能、无人等新技术提升保障效能,支撑高机动高效的性能伴随保障。同时,增强可集成性提高装备综合保障能力,发展多种型号的保障装备,以提高完成多样化军事任务和非战争军事行动的能力。

1.2.4.1 整体发展趋势

信息化条件下的一体化联合作战,信息化保障装备将具有复杂化、网络化、可视化、智能化和精确化等特征,综合运用物联网、大数据、人工智能等前沿创新技术,使得未来信息化保障装备具备全方位、全时空、全要素、全疆域、全过程的立体化形态,呈现信息灵敏感知、保障资源实时可视、保障智能筹划、投送协作共享、行动精准可控和智慧远程保障的发展规律。

(1)向信息灵敏感知方向发展。利用物联网技术对保障资源进行数字化标识,实现战场物资、油料、医院、维修工程等保障资源的联网,实时掌握保障需求、保障资源和力量分布;并利用油料消耗传感器、弹药消耗传感器、军人保障卡标识牌、装备工况检测装置等末端感知设备,实时监测并采集官兵生命体征、物资消耗、装备损毁等保障信息,支撑智能判断伤情病情、物资消耗和装备损伤状况,减少战场人员和装备损伤。

(2)向保障资源实时可视方向发展。利用RFID和信息栅格等技术,通过感知获取的生产采购、仓库储备、地方动员等各渠道的物资数质量信息,实现采购物资"出厂入网",储备物资"入库入网",动员物资"上车入网";及时获取分析后勤力量数量规模、编成部署、能力水平和重要设施数量规模、运行状态、保障能力等信息,使各级保障指挥员能够随时掌握保障资源总体状况。

(3)向保障智能筹划方向发展。融合战场态势、作战决心、保障需求和保障资源等信息,按照"就近、就快、就便"的原则,依托智能预测和智能筹划手段,快速生成保障方案以及相应保障计划,模拟保障过程,预测方案优劣,确保各种情况下保障科学合理、精确高效。

(4)向投送协作共享方向发展。结合我军战略投送海运和空运力量现状,以运输投送信息系统为基础,加强战略投送能力建设,构建军地一体、陆海空一体的战略投送体系,为多维、立体、全域、精准快速的兵力、物资和装备投送提供支撑。

(5)向行动精准可控方向发展。综合运用信息技术,全程监控保障行动,根据战场态势、保障需求和保障进程变化情况,适时调整保障决心、保障计划、力量部署和保障方式,实现行动全面监控、决心遇情调整、回程有效利用,确保保障行动与保障需求精确对接、全程调控。

(6)向智慧远程保障方向发展。基于信息灵敏感知步骤实时监测并采集的官兵生命体征和装备战技术性能等信息,智能判断伤情病情、装备油料消耗和装备损伤状况,结合士兵已有病例、装备已有维修状况等,进行远程会诊、装备加油和损坏装备器件的快速故障定位,实现远程伤员急救和装备维修。

1.2.4.2 感知类保障装备精准化、快速化、安全可控化

感知类保障装备将重点发展物联网、自动识别技术集成化等技术,研制智能末端感知装备,保障在准确的时间、地点为作战提供准确数量、质量的保障信

息,最大限度地节约保障资源。其中,自动识别技术的集成化,包括条码自动识别技术与射频自动识别技术的集成以及射频识别技术与网络通信技术(如无线传感技术、4G、GPS系统、北斗等)的集成,使得识别装备具备条码成本低、射频安全性好、识别快捷、准确定位等特点,实现物资和装备耗损、人员健康状况等信息的共享互联,支撑实时追踪保障资源的消耗与需求。

1.2.4.3 防化类保障装备信息化、智能化

防化类保障装备重点发展微量检测、免疫和遥测技术,并使防化装备具备轻便、耐用、防护性好等特性,适应未来军事行动的突发性强、时效要求高、环境复杂的特点。一是核生化侦查装备除了在各种环境条件下核生化检测准确外,需具备轻巧、检测速度快、范围广等特性,提高核生化威胁的快速处理能力;二是新时期的防护装备要求轻便、结实、防护性好,可水洗、无处理限制,弯折时不发生破裂,自带温度调节系统;三是洗消装备向多功能、模块化、智能化、防污染方向发展,具备效率高、速度快、低腐蚀、无污染等特性,保证武器装备、人员在核生化战争条件下的生存力和战斗力。

1.2.4.4 军交类保障装备信息化

在军交类保障装备方面,适应未来信息化战争对军交运输保障的要求,将由"机械化"向"信息化"方向发展。一是重点强化军交运输保障装备的识别跟踪能力,通过加装定位、跟踪、识别、控制、探测等信息化设备,使军交运输保障装备具备自动定位、自动识别、自动跟踪、自动探测能力;二是增强军交运输保障装备的通信能力,通过加装卫星自动追踪系统、卫星电话、移动电话、计算机无线组网装置和车载电台,实现保障装备的近距离、远距离以及超远距离的通信功能;三是增强军交运输保障装备的自我检测能力,实现军交运输保障装备的智能检测。

1.2.4.5 工程类保障装备信息化、标准化、智能化

工程类保障装备向信息化、标准化、智能化等方向发展,具备轻型、多功能、高效率的特性,解决未来战争中工程兵遂行工程保障任务的时间紧、范围广、任

务重等问题。一是对现役工程装备进行信息化、数字化改造,研制新型的信息化、数字化工程装备,提高其在信息化战场上的工程保障能力;二是加强对工程装备研制和生产的管理,进行工程装备系列化、通用化和标准化研究,制订统一的研制、试验、生产、采购、管理和维修计划,实现各种装备相同功能部件通用化和工程装备制造的标准化;三是要提高工程装备的智能化水平,利用传感器技术、人工智能技术实现信息反馈,实现对自身状态的智能调节、控制、监控与诊断。

1.3 重点装备

当前,以美国为代表的军事强国已经完全具备信息系统支持下机械化体系作战能力,正在向军事信息体系支持下的信息化战争形态转型。人工智能技术对未来战争的颠覆式影响,信息主导的体系对抗成为未来作战基本形态,精确作战、立体作战、全域作战、多能作战、持续作战、无人智能作战成为新质战斗力的重要体现,打击方式更加注重立体、远程、快速、精确和非线性。为了保持技术优势或抢占发展先机,世界各国都在大力发展人工智能技术,并将其作为装备现代化的优先领域。尤其是美国,一直将无人系统作为其长期占据军事优势的重要技术手段之一,并始终确保研发和应用的最前沿地位。美国、日本、俄罗斯各国在智能化武器装备的发展上也呈现快速推进态势,智能化主战装备、保障装备和电子信息装备纷纷涌现。

1.3.1 各国高度重视智能化武器装备的发展

当前,世界主要发达国家已把发展人工智能上升为国家战略,从政策导向、战略规划、资金预算层面予以大力支持,力图在新一轮科技竞争中掌握主导权。美、俄、日等国高度重视智能化武器装备的发展,并根据实际需要,设立相关机构,设置相关项目,加强智能化武器装备研发和力量建设的组织领导,制定一系列有关武器装备智能化建设的发展规划,明确目标、思路和措施,集中资源,突出重点,避免分散无序、重复建设。

1.3.1.1 美国

美国认为人工智能武器的出现将从根本上改变战争方式,未来军备竞赛将是智能化的竞赛,美国已将人工智能作为"第三次抵消战略"重要支撑,并提前布局了一系列研究计划,力求在智能化上与潜在对手拉开代差,将人工智能作为维持其主导全球军事大国地位的战略核心。美国国防部明确把人工智能和自主化作为新抵消战略的两大技术支柱。2016年,在美智库战略与国际研究中心举办的"第三次抵消战略"论坛上,美国国防部副部长沃克指出,"第三次抵消战略"的最初想法是把人工智能和自主性等方面的所有技术发展嵌入到美国国防部的作战网络中,使美国的传统威慑能力登上一个新的台阶。美国国防部在该领域主要关注五种技术,包括处理大数据和决策模式的自主学习系统、与实时决策相关的人机协作技术、外骨骼或可穿戴电子产品辅助作战技术、先进的人机协同作战技术、网络赋能自主式技术等。

2014年11月,美国国防部长签发的《技术革新备忘录》,将机器人和自主系统排在了第一位,认为以自主性技术为代表的新兴技术群可以在未来20年内保持美国对中国和俄罗斯的军事优势。2016年10月,美国政府发布《为未来人工智能做好准备》和《国家人工智能研究与发展战略规划》系列发展规划报告,从国家战略角度提出美国未来人工智能发展框架,将人工智能置于维持美国全球主导军事大国地位的战略核心。12月,美国政府发布《人工智能、自动化和经济》报告,指出美国将人工智能技术引入武器系统,以实现武器系统更精确、安全、人道的效果。精确制导武器在作战时减少武器使用和附带损害,遥控航空器减轻对军事人员造成的危险。2017年6月,美国国防信息系统局(DISA)发布计划,预计到2021年完成其全球作战中心的网络管理系统利用机器学习等智能技术实现网络运维、网络空间防御、态势感知等功能。2018年3月,美国政府问责局(GAO)提出改进美国防部人工智能研究的5条建议,主要包括:一是改善数据收集并鼓励数据共享;二是利用人工智能技术解决网络安全威胁;三是更新人工智能监管途径;四是充分认识人工智能对就业的影响;五是探究计算机伦理问题和可解释人工智能。2018年5月,美国国防信息系统局局长诺顿提出,"必须拥有机器学习和人工智能技术,以及时识别攻击并迅速做出反应,利用云技术提高效率并增强网络安全,并将人工智能技术整合至网络安全能力中"。2019年2月,美国国防部发布《人工智能战略》。2019年4月,美国"防务一号"网站发布最新《人工智能报告》称,美国国防部在2019年,将让人工智能真正成为现实。美军还发布了《2013—2038财年无人系统综合路线图》《2016—2036年小型无人机系统飞行规划》《2016—2045年新兴科技趋势报告》《机器人与自主系统战略》《无人潜航器主计划》《无人水面舰艇主计划》等文件,将"自主化"和"无人化"作为科技研发的重点领域,详细规划在机器人和自主系统领域能力建设目标与实施途径、方式等。

  在技术研发方面,美国国防高级研究计划局(DARPA)重点聚焦机器学习、自然语言处理、人机编组等领域,积极推进机器学习理论研究,并将其向更多领域应用扩展。DARPA已将人工智能技术列为未来30年研究重点,目前人工智能发展重点是:对新环境和信息作出响应的机器,即"第三代人工智能"。美国海军主要把人工智能应用于确保海战场介入、自主与无人系统、电磁机动作战、远征与非常规作战、制信息—网络权等领域;空军主要把人工智能应用于人体机能、信息、传感器等领域;陆军主要把人工智能应用于外围基础研究、计算科学、机动科学、信息科学等领域。美国情报高级研究计划局(IARPA)自2006年成立起,一直专注于机器学习研究,聚焦在生物识别、自然语言处理、神经网络、量子计算、反人工智能等方面。同时,DARPA加强与美军内外科研机构的合作。2016年5月,DARPA举办"2016演示日"活动,同美国国防部各部门、学术及私营领域的项目带头人等进行紧密交流,并演示了当前的热门研发项目。此外,DARPA以及美军实验室在多项研究计划中也积极与高校和企业合作,推进人工智能技术应用,如DARPA通过"自适应可塑可伸缩电子神经系统"项目与IBM公司合作开发类脑计算机;2017年7月,美国空军研究实验室与IBM公司合作开发高级模式识别能力和感觉处理能力的类脑智能计算系统;2018年,DARPA与半导体企业联合促成智能的脑启发计算中心,由普渡大学研究人员主导,9所大学研究人员参与,寻求在认知计算领域取得重大进展,研究人员将探索神经启发算法、理论、硬件结构和应用驱动程序,研制自主飞行无人机、私人机器人助手等新一代自主智能系统。

  美国防部成立多个人工智能机构。一是算法跨职能小组。2017年4月,美国国防部副部长鲍勃·沃克签发备忘录成立"算法战跨职能小组"(AWCFT),开展 Maven 项目,该项目主要目标是把将国防部的海量数据转变成可用的情报。二是联合人工智能中心(JAIC)。2018 年 6 月,该联合中心将协调各军种、联合参谋部、作战司令部等共同加速人工智能赋能能力的交付,并开发能够为整个军队带来益处的工具和技术,统筹管理国防部范围超过 1500 万美元预算的人工智能项目,并接管 Maven 项目。三是人工智能和机器学习政策与监督委员会。《2019 财年国防授权法案》中明确提出,美国防部将成立人工智能和机器学习政策与监督委员会,统筹整个国防部人工智能和机器学习相关工作,将持续推进并改善研究、创新、政策、采办等工作。该项内容是基于中国大力发展人工智能而提出。该委员会将由国防部负责研究与工程的副部长领导,委员将包括各军种领导、美国防高级研究计划局局长、负责采办与维护的国防部副部长等其他国防部高级官员。

美军近年来在人工智能领域投入逐渐增大,人工智能技术在各领域的应用范围也越来越广。根据美军预算文件,2004—2017 财年间,美国 DARPA、国防部长办公室、各军种积极应用人工智能技术,投资约 54 亿美元,发展基础学习算法、智能硬件、自然语言处理、仿生计算等人工智能基础理论,在指挥控制、通信导航、情报监视侦察、电子战、网络空间安全等领域均有应用。根据美国《2019 财年国防授权法案》,美国防部将在人工智能、机器学习领域投入更多资金。2018 年 9 月,DARPA 宣布将在未来 5 年在人工智能领域投入 20 亿美元,支撑人工智能第三次浪潮发展。在 2019 财年预算中,美国战略能力办公室计划启动"卡纳克"项目,计划投资 2200 万美元,旨在将机器学习及相关技术应用于现有传感器,以减少操作人员工作量和数据吞吐量。

为了及时将先进人工智能技术引入军事应用,保持武器装备的先进性,美国军方密切关注新兴商业技术,针对当前快速发展的商业技术公司制定相关激励、风险管控措施,改进当前的信息技术采办流程,缩短采办周期,将先进的商业技术快速引入军事系统中,并在实战中检验。此外,美国防部采取多种措施吸纳小企业参与国防科技创新活动,加大对小企业创新研究(SBIR)计划支持力度,鼓励有创造力的小企业进行先期技术开发,帮助其实现科技成果的转化应用,特别是在"第三次抵消战略"提出后,SBIR 计划更加注重人工智能、大数据分析等领域的投资。美国国防部在2015—2016年先后成立了两个"国防科技创新实验部门",充当国防部与高新技术企业的桥梁,巩固和扩大两者的合作,其中人工智能技术是重点关注的军民两用技术。

美国国防部将智能化作为未来先进技术的重点发展方向纳入其整体装备发展与采购机制。国防部负责采办、技术与后勤的副部长和负责研究与工程的部长,主要负责制定人工智能等先进技术发展规划,协调军种、军工、智库之间关系;国防先期研究计划局、战略能力办公室等职能机构统筹国防关键项目的研究与开发,进行全军高新技术的基础研究与应用,发展包括智能武器装备在内的未来颠覆性技术,谋求长远技术优势。美国将大量民用无人技术转为军用。

为了及时将先进人工智能技术引入军事应用,保持武器装备的先进性,美国军方密切关注新兴商业技术,针对当前快速发展的商业技术公司制定相关激励、风险管控措施,改进当前的信息技术采办流程,缩短采办周期,将先进的商业技术快速引入军事系统中,并在实战中检验。此外,美国防部采取多种措施吸纳小企业参与国防科技创新活动,加大对小企业创新研究(SBIR)计划支持力度,鼓励有创造力的小企业进行先期技术开发,帮助其实现科技成果的转化应用,特别是在"第三次抵消战略"提出后,SBIR计划更加注重人工智能、大数据分析等领域的投资。美国国防部在2015—2016年先后成立了两个"国防科技创新实验部门",充当国防部与高新技术企业的桥梁,巩固和扩大两者的合作,其中人工智能技术是重点关注的军民两用技术。

1.3.1.2 俄罗斯

俄罗斯基于对未来战争的预测和分析,为确保其在未来战争中拥有的优势,从顶层制定相关规划,引导智能武器装备发展。俄总统普京指出,"人工智能不仅决定俄罗斯的未来,也决定全人类的未来,谁成为这一领域的领导者,谁将主宰世界"。2014年制定的《2025年先进军用机器人技术装备研发专项综合计划》提出了智能机器人的研发,并明确指出2017年俄军开始大量列装机器人,到2025年俄军装备结构中智能机器人的比例达到30%。2016年3月,俄罗斯国防部通过《2025年前发展军事科学综合体构想》,强调智能化武器装备将成为未来战场的关键因素,将在短期内重点发展陆上、海上机器人装备,以扩大态势感知范围。2016年底发布的《俄联邦科学技术发展战略》提出未来10～15年科技发展重点领域,人工智能居首。2017年9月,俄罗斯总统普京在战略导弹学院会议上表示,人工智能为俄罗斯重新平衡美国国防力量的方式,是俄罗斯击败美国国防力量的关系所在。2018年,俄罗斯发布了《2018—2025年武器装备计划》,将重点发展智能机器人系统。俄军《军用机器人综合系统使用构想》《军用机器人国家技术标准》等文件,对智能化技术装备和作战力量发展建设进行中长期总体规划,提高军内各部门和军工系统合作效率。2018年3月,俄国防部联合俄联邦教育与科学部、俄罗斯科学院,邀请国内外人工智能专家对全球人工智能发展现状进行研判,举全国学术、科技以及公司之力,制定"俄罗斯人工智能发展计划"。随后,俄国防部牵头发布了"人工智能十项计划",对未来俄罗斯人工智能的研究工作以及各部门、各机构的协调分工作出了指导性安排。俄罗斯正在实施《2025年前先进军用机器人技术装备研发专项综合计划》,通过人工智能技术推动军用智能机器人研发。总参定期组织召开"军用机器人科学技术大会",广泛要求军地职能部门、科研机构及军工企业代表参会,研讨智能化军事技术发展方向。

俄罗斯政府科研组织管理署负责管理、协调人工智能领域科研活动。俄军在总部一级专门设有两个负责智能化建设的领导机构:总参无人飞行器发展建设局负责智能化作战力量发展建设统一规划;国防部机器人科研实验总中心统筹全军智能化作战装备研发和人才培养。总参定期组织召开"军用机器人科学技术大会",广泛要求军地职能部门、科研机构及军工企业代表参会,研讨智能化军事技术发展方向。俄罗斯国防部正在积极筹建大型军事创新科技园,专门从事突破性技术研究工作,原计划2018年9月1日投入使用,在其优先发展的8个科研方向中,信息远程通信系统和人工智能系统、机器人技术综合装置分别排名第一、二位。俄罗斯国防部征召高校有特殊专长的学生入伍成立"科学连",其中一个连专门负责人工智能辅助决策系统研发,另两个连分别负责机器人和无人机研发。

据德国思爱普公司2018年5月一份研究报告显示,2007—2017年,俄罗斯政府及私营部门共资助1386项人工智能研发项目,累计投入230亿卢布(约合

3.4亿美元),其中大部分为商业性项目,主要集中在交通和国防安全领域,研究重点包括数据分析、决策支撑系统、图像和视频识别等。

1.3.1.3 日本

日本认为智能化武器的威慑力堪比核武器,是未来战争进程的"改变者",可为日本国家安全提供重要保障。日本《关于实施研究开发的指针》《科学技术基本计划》《人工智能技术战略》《防卫技术战略》《中长期技术展望》等文件,总体规划人工智能技术发展方向。2016年,日本防卫省发布《中长期技术评估》报告,提出日本未来20年应在无人技术及智能化、网络化等四大军事技术方向上取得关键突破。日本防卫省通过《中期防卫力量整备计划》以及年度预算方案,逐步推进智能化武器装备研发与采购。

日本政府设有"人工智能技术战略会议",统筹推进人工智能发展规划,成员单位包括总务省、文部科学省、经济产业省,以及多个大型企业和科研机构。日本防卫省防卫装备厅所属"先进技术推进中心"负责人工智能等先进技术研发。日立、NEC、富士通等大型公司均从事人工智能研究,并与防卫省保持密切联系。

1.3.1.4 法国

在2016年6月法国巴黎维特潘特展览中心举行的第13届欧洲"萨托利"防务与安全国家展览会上,法国展示了其致力于推进陆军装备一体化发展的"蝎子"计划——"通过多能化和信息化加强接触式作战的协同能力"(Synergie du Contact Renforcée par la Polyvalence et l'infovalorisation, SCORPION)计划,简称"蝎子"计划。该技术吸取了美国未来战斗系统(Future Combat Systems, FCS)因过高的发展目标和高昂成本而失败的教训,首先瞄准发展数字化作战网络,尔后将其集成到现役和新研的作战平台上,更加务实可行,更具经济可承受性。"蝎子"计划的总要求主要集中在多功能、信息化和协同性3个方面,目的是打造2025年未来陆军,使其具备体系对抗能力和联合作战能力。2018年3月,法国国防部宣布了有潜在应用价值的人工智能技术:自动图像、电子战、协同作战、自主导航机器人、网络安全、预测维修保障、指挥决策支持等。

多功能旨在满足机动部队的多能性与防护性需求;信息化在于强化武器装备的信息力,加速作战进程,提高作战效能;协同性重点在于作战单元及要素之间的无缝连接与协同配合乃至效能的综合集成。为满足"蝎子"计划总要求,法国陆军正采取如下举措:①对现役装甲车辆等主战装备进行更新和数字化改造,使之适应2025年前后的军事需求;②研制新装备,应对未来接触式作战环境威胁;③通过信息技术优化指挥控制,实现作战平台的多能化和信息化;④革新支援装备,增强综合保障能力。

1.3.1.5 韩国

2018年2月,韩国防务公司韩华集团宣布与韩国科学技术院达成合作协议,共同研发人工智能武器,将组建联合研发中心,开展人工智能领域前沿研究。该中心优先关注四项任务:一是研发基于人工智能的指挥系统;二是开发用于无人水下航行器的人工智能算法;三是研制基于人工智能的航空训练系统;四是研发基于人工智能的目标跟踪技术。其中,指挥系统和目标跟踪均为电子信息系统领域。

1.3.1.6 印度

印度《技术展望与能力路线图》提出了印度武装部队在2012—2027年间需发展的22项跨军兵种的关键技术领域。其中,"人工智能与机器人"领域,提出了用于目标识别与分类的图像分析技术,用于诊断和维护的专家系统,以及用于提供精确瞄准支援的机器人需求的三大领域。2018年3月,据印度军方分析,后勤供应链管理、网络战、情报监视侦察三个领域可快速应用人工智能技术,其中有两个领域为电子信息系统领域。印度军方认为,随着机器交互日益成为常态,人工智能技术或将主导网络战的未来,特别是用于反制低端和常规威胁。在情报监视侦察领域,人工智能可用于两方面。一是配备人工智能技术的无人系统,在恶劣地形或天气条件下巡逻、为港口提供保护、对战场或冲突地区实施抵近侦察,对目标实施长时间监视等任务。二是数据分析与解读。印度军方认为,在上述领域应用当前较为成熟的人工智能技术,具有极低的技术风险、极小的外界阻隔、较少的经济成本,能够在短期内实现研发和部署,并快速提高相关能力,从而增强部队的作战效能。

印度成立人工智能与机器人研究中心。印度人工智能和机器人研究中心(CAIR),在印度国防研究与发展组织(DRDO)的领导下,自1986年以来一直专注于人工智能,在机器学习、图像和语音识别领域开展较多研究。

1.3.2 智能化主战装备的发展现状

在主战装备方面,无人作战装备取代士兵及传统作战装备成为主要作战力量,呈现"无人作战、有人指挥、无人平台、有人体系"的特点。智能化武器系统自主性增强,能够按照战争目的,在战役战术层面进行一定程度的自主作战。人主要负责战略决策和战役指挥,决策指挥方式变为在智能辅助决策系统支撑下进行方案选择,在战术层面的控制大幅减少。2015年,在阿富汗战场,美军无人机投弹量已超过有人机;在叙利亚战场,俄军10部作战机器人以"零死亡"击毙70余名武装分子并夺取高地,是军事史上首例以机器人为助力的地面作战行动。

1.3.2.1 空战装备

在空战装备中,装备的无人化正加速发展,人机协作及空中无人自主系统集群作战样式已初露端倪。一方面,考虑到未来应用环境的复杂程度不断增加,单架无人机系统所能执行的任务能力有限,生存能力受到越来越大的挑战。多架无人系统协同作战,通过相互的能力互补和行动协调,实现单架无人系统的任务能力扩展,以及多无人系统的整体作战效能提升。另一方面,无人系统的自主能力不断发展,将逐步从简单的遥控、程控方式向人机智能融合的交互控制,甚至全自主控制方式发展,无人系统将具备集群协同执行任务的能力。

2016年5月,美国空军发布首份专门针对小型无人机系统(Small Unmanned Aircraft Systems,SUAS)的规划《2016—2036年小型无人机系统飞行规划》;6月,美国国防科学委员会发布的关于自主技术的研究报告为美国无人机未来发展提供了宏观政策性指导和技术性建议;10月,美国国防部长办公室战略能力办公室完成了3架"大黄蜂"(F/A-18F)战斗机编队投放103架"山鹑"小型无人机并形成"蜂群"的演示,显示着美军空射微型无人机群离实战化又前进一大步;11月,美国国防高级研究计划局(DARPA)公布"灵活编组"项目,旨在发现、演示和预测通用化数学方法,实现高度灵活的人机混合编组的最优化设计,从根本上变革当前人—智能机器系统的设计规范,将其从单纯通过机器实现自动化和人类替代的模式,向高级协作、共同解决问题的集成架构转变,从而利用人工智能技术实现未来人机协同作战。

目前,美军正在加紧推进以"小精灵""郊狼"等项目为代表的"蜂群"作战技术研究,验证和评估低成本无人系统集群技术的可行性。"蜂群"技术将复杂的多用途系统分解成大量低成本的系统,有助于作战系统成本直线下降,增强作战任务适应性和多样性。同时,"蜂群"无人系统集群作战系统能够进行更密切的协作,获取/共享情报,提高作战效能。无人系统集群规模不断扩大,相关技术逐步得到突破。2016年,英特尔公司用无人系统集群表演灯光秀,同时操控100架四旋翼无人系统组成的集群,也创造了新的世界纪录。无人系统的飞行轨迹主要由相关人员前期进行分层离线优化计算,在实际飞行过程中,将编队路径与动作注入所有无人系统的飞控系统,并通过统一的地面站软件对无人系统进行控制,地面站通过通信链路对所有无人系统进行时间同步,并对每架无人系统健康状态进行检测,一旦发现无人系统不适合继续飞行即刻召回。

智能化空战装备应用随着人工智能相关技术的进步越来越多,如 X-47B 无人机自主航空母舰起降、自主空中加油、"神经元"无人机与有人机编队飞行、多小型旋翼无人机协同完成抛球等,均体现了空战装备在自主智能,以及人机协同、群体智能等方面的飞速发展。在空袭、防空等现代战争的核心作战场景中,平台操控、通信组网、识别、判断、武器发射决策等"核心"工作预期未来都可以交由人工智能及自主系统完成,全部或部分替代人类。典型的是 2016 年 6 月,美国 Psibernetix 公司开发的阿尔法人工智能系统,在模拟空战中,在没有损失的情况下,多次击落人类飞行员操控的模拟战机。这项技术有望用于无人机、战斗机编队僚机控制,或成为飞行员助手提高空战快速决策能力。

1.3.2.2 陆战装备

陆战智能化武器装备研制和升级稳步进行,通用人工智能领域研究仍然面临挑战。半自主方式是目前相当一段时间内地面无人系统的主要使用方式。地面无人自主系统按照使用方式可以分为人工驾驶、远程遥控、主从式跟踪,以及全自主模式等。在当前以及今后相当长一段时间内,全自主模式仅能够在特殊场景下有限使用,远程遥控以及主从跟随模式将是无人平台的主要使用方式。

美国国防科学委员会发布的一份研究报告认为,近年来陆战装备受到人工智能技术进步的推动,在实用性方面已达到一个"引爆点",能独立选择行动路线以实现目标的自主军用技术正快速成熟。近些年来,美国陆军在地面无人系统上的研发投入从2014—2018财年的2.9亿美元提升至2017—2021财年的9亿美元,正如美国陆军计划与资源办公室机器人中心主任所说,未来的美国陆军地面无人系统"并不缺少资金……而是要把需求、技术以及资金在合适的时间以适当的方式整合起来"。

地面无人系统主要包括无人车系统和地面机器人系统。美国地面无人系统研制处于全球范围最高水平,目前拥有多种类型,美国正在开发地面无人系统通用架构,开展无人—有人系统协同作战研究,在自主控制、自主导航、环境感知、足式行走机构、人机交互、无人系统互操作等领域取得了一系列进展,美国"黑骑士"和"粉碎机"等地面无人系统采用了越野环境的感知技术,同时在仿生机器人和机器人士兵的研发上也取得了长足的进展;此外,以色列自主无人车装备和研制水平处于世界前列,以色列已率先列装了具有感知、理解、分析、通信、规划能力的半自主和自主地面无人系统。英、法、德等国是除美国和以色列之外,地面无人系统发展最快的国家,目前均已装备并正在积极发展多款地面无人系统。2019年4月,美国陆军作战支援和作战服务保障项目执行办公室的布莱恩·麦克维在美国国防部的一次采访中表示,未来18个月,美国陆军计划部署四大地面无人系统:"通用机器人系统—单兵版"(Common Robotic System – Individual, CRS – I)、"单兵便携式机器人系统增量2"(ManTransportable Robot System (MTRS) Increment Ⅱ, MTRS Inc Ⅱ)、"通用机器人系统—重型"(Squad Multipurpose Equipment Transport,CRS – H)与"班组多用途设备运输系统"(Squad Multipurpose Equipment Transport,SMET)。前三种机器人系统具有相同的互操作性配置,将构成"爆炸性军械处理"(Explosive Ordnance Disposal,EOD)机器人体系,用以处理军械爆炸物。第四种机器人系统旨在为下车士兵运输相关作战装备。

美国国防部将自主系统领域作为变革性技术主要投向人机协作、提高机器智能、促进跨平台分布式传感器系统融合技术的发展。美国目前已完成现实条件下十余个专项研发成果的测试,新近发明的图灵学习技术有望使智能化程度更高的无人机,发现正在从事诸如埋设路边炸弹之类的危险活动的恐怖分子。俄罗斯国防部计划组建人工智能机器人战斗部队,2017—2018 年,机器人大量装备部队,到 2025 年计划装备比例达到 30%,研发的产品包括履带式机器人、机器人平台、人形作战机器人等。日本未来将重点发展地面移动机器人技术,拟在 2025 年让人性化的机器人进驻月球,研发的产品包括 HRP–2 机器人、随地形变化而改变其外形的履带样车模型,及水道桥重工"仓田"(Kuratas)机器人、安川电机"MH24"挥刀机器人等。美国波士顿动力公司研发的"大狗"机器人及"阿特拉斯"人型机器人因其优越的性能即平衡能力受到世人瞩目,其研发的腿式班组支持系统能够为作战班组运输重达 481.4kg 的物资与装备,经过数年发展,该机器人已经能够在崎岖的地形中稳定地运输物资,有望成为美国海军陆战队的装备。

智能化陆战装备最适合和最便于应用的方向就是侦察、排爆和后勤支援,如美国机器人团队公司的"普罗伯特"无人车;美国海军订购的 MK2 便携式机器人系统和将要推出的先进排爆机器人系统"增量 1"都是军方需要的排爆机器人;英国 BAE 系统公司的"铁甲"无人车可承担侦察、伤员后送、区域拒止和排爆等多种任务;诺斯罗普·格鲁曼公司的"流浪者"无人车具备探测并确定危害存在、危害性质、通过搭载各种有效载荷处置危害的能力;德国莱茵金属公司的多任务无人车可用于侦察与战术监视、后勤保障、伤员后送、化生放核与爆炸物探测、通信中继等任务。

此外,智能化陆战装备的集群与协同作战技术也步入试验、演示和技术应用阶段。DARPA 于 2017 年启动"进攻集群使能战术"项目,将采用开放式架构研发和作战相关的集群战术生态系统,通过组建数量超过100辆/架无人车与无人机构成的集群,通过无人系统集群生成、评估和集成集群战术,以提高部队的防御、火力攻击、精确打击能力以及情报搜集、监视与侦察能力。其他相关研究主要集中在地面无人系统协同、地面无人系统与空中无人系统协同,以及地面无人系统与士兵协同等方面。

1.3.2.3 海战装备

水下领域的战略价值受到各军事强国高度重视,积极探索多系统协同作战概念,从全作战域加强海洋控制能力。2016年5月,DARPA发布分布式敏捷反潜系统(Distributed Agile Submarine Hunting,DASH)中潜艇风险控制(Submarine Hold at Risk,SHARK)子系统。该系统由多个水下无人自主系统组成,通过信息中继单元实现组网,以集群的方式工作于深海区域,可通过接力方式或者是形成探测栅栏,实现对敌方潜艇的探测。8月,"黑翼"(Blackwing)潜射无人机成功演示了有人驾驶潜艇和多艘无人潜航器间的信息中继传输。"黑翼"能为潜艇、无人潜航器、水面舰船提供高速数据和信息传输,并通过Link-16数据链向其他飞机提供目标信息,也能配备武器为在近岸作战的潜艇提供附加帮助,其可搭载于潜艇,为深海预置平台提供了一种可搭载载荷。9月,美国海军发布《水下战科学与技术目标》,指出"自主性与无人系统是促进多领域作战的关键力量倍增器,将广泛应用于水下战领域"。

同时,世界军事强国启动了多个水下通信技术研发项目,推动水下光学、声学和无线电通信技术发展,如模块化光学通信载荷项目旨在寻求一种光学全双工通信载荷实现空中水下平台间的跨介质通信和水下平台间的通信;水下多声传感器可靠配置异构集成网络项目将先进物理层算法引入水下通信调制解调器,使用多种网络协议将传感器信息及时传送到信息中心,以提高水下声通信的可靠性和覆盖范围。

1.3.3 智能化电子信息装备的发展现状

以美军为代表的军事强国在信息基础设施、态势感知、指挥决策、行动控制和支援保障等军事信息系统装备领域不断取得重要进展。

1.3.3.1 信息基础设施

随着发达国家军事战略从"基于威胁"向"基于能力"转变,C^4ISR 系统建设加速向"网络中心化"转型,在信息基础设施建设上,美军主要以全球整合的作战行动为观点,以增强部队应对不确定、复杂和迅速变化环境的总体适应能力为目标进行发展建设,经历了国防信息基础设施(Defense Information Infrastructure,DII)、全球信息栅格(Global Information Grid,GIG)两个阶段,目前进入了联合信息环境(Joint Information Environment,JIE)发展阶段。美军20世纪末通过建设 DII,构建公共的网络与计算平台,解决美军跨军种、跨部门平台间互联、互通问题。科索沃战争暴露出各军种间网络不通、信息无法共享、端到端能力差等弊端后,美国开始 GIG 建设,意味着从"平台中心化"向"网络中心化"转化。GIG 建设的主要依据是网络中心战(Network-Centric Warfare,NCW)理念,它将原来相对独立的一个信息系统、武器系统等,通过服务集成为一个基于网络的共享环境,有力推进跨领域、跨军兵种系统的横向融合;GIG 提供了基于网络的共享环境,但仍旧存在着各军种间信息共享不畅、系统缺乏互操作性等问题。对此,美国国防部启动 JIE 计划,提出通过整合美军所有信息资源,实现各层级、各领域的信息系统、网络、服务等资源全面整合共享,为美军在全球内军事行动提供无缝、可互操作的信息服务。这一推进网络中心能力深化的重要战略性举措为实现"跨域协同"、构建"全球一体化作战能力"提供重要支撑。

1.3.3.2 态势感知信息系统

在信息化战争中,情报侦察监视系统是获取信息优势的前提和基础,主要负责搜集敌方的兵力部署,武器配备及其类型、数量、战技指标等情报,以及地形、地貌、气象等资料,经过分析、处理形成综合情报,为军事行动和作战指挥提供决策依据。情侦监系统可综合运用数据挖掘、深度学习等人工智能技术,提高图像理解、语音识别、目标匹配能力,主要包括智能感知、情报获取、目标识别、情报分析与处理等方面,为指挥决策提供实时、立体、多维、精确的战场态势感知。

在态势感知方面,外军基于各类探测感知手段已整体具备全球性的陆、海、空、天侦察和监视能力,逐步向高实时、高精度方向发展。美军构建了联合作战空间信息球(Joint Battlespace Infosphere,JBI)、分布式通用地面系统(Distributed Common Ground System,DCGS)、盟军多情报全源互联互通联合情报侦察系统(Multi-sensor Aerospace-Ground Joint ISR Interoperability Coalition,MAJIIC)等情报侦察监视体系,完成了各种情报侦察装备的整合,提高了部队间的协同作战能力。利用宽带高速数据链路,将分布在极近距离和极远距离的各种国家级、战区级和战术级的陆、海、空、天及水下不同层次的各种相互独立的侦察传感器构成网络,使其为完成同一个任务而进行协调一致的行动,将分散的各个侦察监视力量有效连接,产生综合效果。在全球战略侦察方面,美国通过部署成像卫星、信号侦察卫星、海洋监视卫星、导弹预警卫星,以及部署于全球的U-2、"全球鹰"战略侦察机、侦察船、东西两岸的海底声纳阵列、侦察站,实现重点区域监视、海洋目标监视、战略情报收集等全球战略侦察能力。

1.3.3.3 指挥决策信息系统

在指挥决策方面,美军发展覆盖战略、战役和战术3个层级的作战筹划技术,并持续推动作战筹划体系的建设和升级换代,集规划、仿真、评估为一体,支持从总统战略制定到末端武器发射的全过程。美军在2000年左右开始联合任务规划系统的建设,逐步形成了以联合作战计划与执行系统(Joint Operation Planning and Execution System,JOPES)和联合任务规划系统(Joint Mission Planning System,JMPS)为核心,要素齐全,三军联合,基于网络的覆盖战略、战役和战术多个层面的任务规划体系能力。2003年美军开始研发联合指挥控制系统(Joint Command and Control,JC2),2006年JC2更名为网络赋能指挥能力(Net-Enabled Command and Control,NECC)。近年来,美军大力发展军用人工智能技术,启动一批基础技术研究项目,探索利用深度学习、增强学习、迁移学习等机器学习算法解决对抗条件下态势目标的自主认知、威胁判断、决策方案生成等问题。2015年提出了作战净评估概念,并设计了用于增强战场指挥官决策优势的分析程序,用于增强决策效率,进而增强决策优势。2016年,美军启动"指挥官虚拟参谋"项目,应用人工智能技术,应对海量数据源及复杂战场态势,提供主动建议、高级分析及自然人机交互,从而为指挥官及其参谋制定战术决策提供从规划、准备、执行到行动全过程决策支持。

1.3.3.4 行动控制信息系统

美国在行动控制方面一直处于世界领先地位,大力发展智能化控制、无人蜂群作战、网电跨域攻防等作战行动控制能力,目前美军人工智能模拟空战系统已经部署应用并完胜人类飞行员。DARPA 和空军、海军等都开展大量研究论证工作,目前在无人蜂群方面已经完成空射无人机蜂群演示,即将形成作战能力;在精确打击方面,美军为了实现全球重点地区或关键目标区的精确打击能力,构建重点地区精确打击保障系统,并采用战术瞄准网络技术(Tactical Targeting Network Technology,TTNT)构建了联合战术无线电系统(Joint Tactical Radio System,JTRS),以及美国海军开发的协同作战能力(Cooperative Engagement Capability,CEC)装备,极大地提高了美军武器平台间的协同作战能力,同时美国陆军研制的"快看"炮射无人机主要用于远程目标侦察和战斗毁伤评估,以增强旅或旅以下级别对目标实施首发效力射的能力;网电跨域防御方面,美军重视利用网络中心战思路,围绕网电跨域防御作战,拥有世界上最庞大的全球侦察监视体系,采用最先进的网络侦察监视技术,实施网络攻击预警和网络空间情报分析,提供信息环境保护、攻击探测和系统恢复等多方面防御能力。在网络多维攻击上,以网络欺骗、破坏或摧毁敌网络技术为重点,已经具备以计算机病毒武器和战场"舒特"对抗系统为代表的网络空间战武器,其正在研制的攻击性信息武器有各种计算机病毒(包括逻辑炸弹、蠕虫病毒等)、电子生物武器、计算机穿透技术等,并已取得重大进展。在电磁空间对抗与防御方面,美军已经发展了各种先进的电子战装备并依托电子信息系统将武器装备互联,实现电子战系统之间以及电子战系统与武器平台的深度融合应用。

1.3.4 智能化保障装备的发展现状

智能化装备保障以"智慧+行动"为基本模型,综合运用物联网、大数据、人工智能等前沿创新技术,构建知识主导、精干高效的智能支援保障体系,提供

"灵敏感知、智能筹划、全域动员、精准配送"的智能化、协同化保障能力,支撑一体化联合作战的保障力量快速抽组和保障行动的高效实施。

1.3.4.1 后勤保障系统

美军为了支撑一体化联合作战,在战略上构建信息主导、精干高效的联合保障体系,将平时建设与战时保障相结合、区域联勤和跨区衔接相结合、军队资源和地方资源统筹运用相结合、横向一体保障与纵向接力保障相结合,实现精确快速的联合保障,为应对安全威胁、遂行多样化军事任务提供有力支撑。海湾战争后,美军在建设中重点突出了"可视后勤",追求全程可视、全方位可控和物资零库存,构建"全资产可视化"系统。依托该系统,美军不仅可以对后勤资源实施统计及全面监控,对军交运输、伤员后送和部队机动等保障活动进行全程实时动态跟踪,还可以在几秒内计算出数月内后勤保障的准确情况,包括物资的消耗状况以及后勤保障需求。目前,美军发展的保障管理系统主要包括资产作战保障系统、库存控制自动化信息系统、全球运输网络系统、国防标准系统和物流跟踪系统。其中,资产作战保障系统作为整个指挥控制系统的信息枢纽,由国防部的后勤信息自动化系统实时向中心数据库提供全资产可视化信息,并将信息传送至国防部各相关部门。国防部掌握着该系统的控制权和决策权,美军各层级的机构可以按照不同权限,通过网络工具登陆该系统进行信息读取。库存控制自动化信息系统管理着95%以上的美军后勤物资储备,具有预警、结算以及决策等管理功能。系统通过与中心数据库连接,实现对库存量的控制,避免浪费,提高资金的使用效率。全球运输网络系统提供物资在国防运输系统中的可视化信息,并通过数据交换与民用运输中可视化系统进行对接,主要实现在运物资可视、伤病员后送、电子数据交换、运输协调自动化等功能。国防标准系统提供资源流入、流出的分配信息和基地仓库流动过程的可视化信息,同时向全球运输网络系统输入运输可视化数据。物流跟踪系统提供通过战区后勤供应的物流资源的近实时可视化信息,它允许用户改变在运输途中物流的方向而不要求驾驶员返回到他们的出发站接受附加指令。

1.3.4.2 装备维修系统

随着美国下一代自动测试系统"NxTest"计划与"敏捷快速全球作战支援"（ARGCS）演示验证系统的实施，进入21世纪后，装备维修保障的发展显现出了信息化、网络化与精确化的特点，"以产品为中心"的保障模式转变为"以数据为中心"，以远程支援技术加强基层部队的维修保障，而且各级保障信息系统已经从多角度呈现出"网络化、一体化"的特征。如美国空军的"远程作战保障系统"，是为推进空军装备保障转型而开发的一种基于商用现货的保障信息系统，目标是将维修、备件订购、库存管理、分发以及其他远程维修保障业务功能集成到一个平台上。该系统的试点工作已经在Hanscom空军基地和Robins空军基地开展，2012年开始在全球部署。目前，装备维修系统发展重点关注提升保障装备的标准化、通用化、信息化水平，强调各种维修保障分析技术的综合，注重维修保障的动态规划技术研究，运用人工智能方法自动建立动态的保障资源规划方案，增强诊断能力、维修能力、机动能力和防护能力，满足一体化联合作战的保障需求。2016年，美国陆军发布《国防部自动化测试系统备忘录》，提出了2025年及其以后部队用现代化自动测试系统发展规划，强调开发面向未来的测试系统，具备更强的诊断能力，降低武器系统在线可更换模块故障率，提高武器装备战备水平。

1.4 关键技术

智能化战争需要实现对战场的全维感知，在相控阵雷达、卫星侦察、无人机侦察等手段飞速发展的基础上，智能化战争对战场数据维度、精度和体量均提出更高要求，军用物联网在传感器和5G通信先进技术的协助下将发挥出巨大作用。在收集到大量数据基础上，利用人工智能先进数据处理技术对数据进行处理后实现决策辅助甚至自主决策，推进武器装备智能化。

1.4.1 大数据和云计算技术

大数据技术的发展将强化面向联合作战需求的信息采集、分析与服务，成为横跨陆、海、空、天、网电领域的新的战略制高点,实现导弹数据可视化,目标、环境等态势全天候全天时感知,协同光探测、攻击等辅助决策,人在回路实时控制,为战场联合态势感知提供全面决策支持,实现从"数据优势""信息优势"到"决策优势"的飞跃。

大数据技术主要指处理海量复杂数据集合的新型计算架构和智能算法等新技术,包括大数据存储管理的云计算平台、大数据分析处理的机器学习算法以及用于大数据决策的知识工程自动化等。自1997年美国国家航空航天局(NASA)首次提出大数据概念以来,美军高度重视大数据技术在军事应用的研究,投资20亿美元成立了大数据中心,用于存储各类情报数据,并利用大数据技术每天对各类数据进行过滤、筛选、处理、分析和融合,快速提取有价值信息,向美国政府和国防部提供各类情报产品。2012年美国政府启动《大数据研究发展倡议》后,美国防部启动了"洞悉""视频与图像检索分析工具"(VIRAT)等一系列大数据研发项目。2015年,DARPA的"大机理"项目,开发基于大数据的智能自动化计算技术,包括信息提取和规范、智能推理引擎、知识综合运用等技术,实现根据任务自动制定作战方案,在任务层面快速、独立完成作战决策,使得指挥官能够以最快的方式向作战单元甚至是单兵发出指令,从而实现"任务式指挥"的目标。

云计算技术作为大数据技术的基础架构,本质上是一种基于网络的分布式存储与计算模式,其计算资源(包括计算能力、存储能力、交互能力等)虚拟、动态、可伸缩,应用于军事领域可为计算密集型大数据提供IT架构支撑。自2006年谷歌公司首次正式提出云计算概念以来,各国纷纷制订了云计算发展的国家计划。美国政府2011年发布《联邦云计算战略》,国防部于2012年7月首次发布《美军云计算战略》,旨在建设迅捷、安全、高效的企业云计算服务环境,以快速响应不断变化的任务需求,其最终目标是建立符合美军IT目标的企业云环境(联合信息环境),将云计算作为最具创新性、高效和安全的IT服务交付方式。目前,云计算已经催生出MapReduce、Hadoop、Spark等一系列新型计算平台与计算架构。美军全球监视与打击网络的底层基础技术架构主要是大数据和云计算,并在此基础上提出"云作战"和"作战云"的作战理念,实现信息跨域融合、体系精准释能的一种全新作战样式,支持美军在任意地点、任意时间利用授权设备履行使命。

1.4.2 机器学习算法

DARPA 启动了多个项目致力于人工智能基础研究。"终身学习机器"（L2M）项目旨在开发新一代机器学习技术，使机器具备类似生物的智能、且保持自主持续学习能力，主要开发提升人工智能系统自适应能力的机器学习机制，研究生物智能学习机制并应用于机器学习系统。该项目的开展与人工智能第三次技术浪潮的"适应环境""持续自主学习"高度契合，旨在为人工智能第三次技术浪潮奠定理论和技术基础。"人工智能探索"（AIE）项目旨在确保美国在人工智能领域的技术优势，将由一系列项目组成，验证新人工智能概念的可行性，加速推动人工智能的重大突破。此外，DARPA 开展的数学、生物、信息基础科学研究项目、可解释人工智能项目、"深紫"深度学习项目、硬件管理复杂性项目等，空军研究室发明的"真北"人工智能芯片等，都为人工智能技术更广泛的应用奠定基础。

1.4.3 情侦监系统信息获取和分析技术

美军开发人工智能系统辅助预测核弹发射。2018 年 6 月 5 日，据路透社报道，美国军方正在秘密开展人工智能项目，旨在开发人工智能系统，辅助反导预警系统预测携核导弹发射，并跟踪和瞄准朝鲜等国家的移动发射装置。该项目将开发由人工智能驱动的计算机系统，系统通过自我思考，用超出人类能力的速度和准确度搜索包括卫星图像在内的大量数据，以寻找导弹发射准备的迹象，从而为美国从外交、军事等多方面阻止核导弹发射赢得时间，保护美国免受核导弹威胁。据悉，美国防部在该项目中投资超过 8300 万美元。

IARPA 寻求人脸识别新算法。2017 年 5 月，美国高级情报研究计划局（IARPA）启动"人脸识别挑战赛"，寻求人脸识别新算法，推动生物识别安全技术发展。共有 16 支队伍提交了解决方案。11 月初，IARPA 公布了比赛结果，颁发了"识别速度""辨认准确度""识别精度"三个策略奖项，俄罗斯"N-技术实验室"公司获得"识别速度"和"识别准确度"策略的第一名，中国依图公司获得

"识别精度"策略第一名。此外,美国特种作战司令部也在寻求解决战术远距离人脸识别问题的解决方案。

美国防部 Maven 项目利用人工智能技术辅助情报分析。2017 年 4 月,美国防部启动并大力推动的 Maven 项目主要目标是把将国防部的海量数据转变成可用的情报,首要任务是利用计算机视觉技术,增强无人机系统对视频信息的处理、利用与分发能力,将数以万计的空中监视视频转变为可用情报,减轻情报分析人员负担,提高追踪伊拉克和叙利亚恐怖分子的效果。Maven 项目主要包括:研发面向广域动态图像的计算机视觉模型,为战术无人机提供全动态视频,使用云平台进行视频处理和传播,模型输出数据库索引与搜索,人工智能界面,以及面向前方作战人员的视频支持等。10 月,美国国防部"算法战跨职能小组"(AWCFT)项目举行"工业日"活动,推动与工业界、学术界和国家实验室的合作,有 100 多家公司参加此次活动。Maven 项目于 2017 年底为作战系统提供首批算法。在第二阶段,研究人员希望将原型从垂直图像与视频分析扩大到文档分析、面向机器翻译与提示的自动语言处理、光学字符识别、水平静态照片视频对象和人物识别、水平视频物体和人物识别、针对目标系统分析和实体关系识别的认知计算,以及其他应用机器学习的领域。2017 年 12 月,该项目首批 4 套算法完成开发并在中东反恐行动中得到应用,对"扫描鹰"无人机所拍视频进行了识别工作,开始几天对人员、车辆、建筑等物体的识别准确率便达到 60%,一周后提升至 80%,迅速将海量数据快速转换成为切实可用的情报,为反恐作战任务提供有力情报支持。随着"算法战"从概念走向实践,未来将全面应用于军事情报领域,推动情报侦察监视、指挥控制的智能化,变革未来作战样式。

美国空军欲开发虚拟助手辅助情报分析。2018 年 2 月,美国空军研究实验室发布方案征集公告,寻求开发一种"数字企业多源开发助手"(MEADE),辅助情报分析人员处理海量复杂情报数据,旨在更好地发现和深入理解敌方信息中的情报线索。该虚拟助手并不是简单罗列情报让人员自己解决问题,而是可直接回答问题或与用户交互,协助人员解决问题,情报分析人员或指控人员可借助该虚拟助手完成复杂分析任务。该虚拟助手开发项目包括两项关键技术,一是实时操作员驱动的要点探索与响应,这是一种对话式问答系统,综合了智能情报源搜索、自然语言处理、引擎推荐和应用分析,将在云或分布式计算环境中运行;二是交互式分析和语境融合,为具体情况找到最佳行动方案。美国空军研究室为该项目投资 2500 万美元,将在五年内分阶段实施,并成立系统集成研究实验室,通过自动化处理和开发中心支持虚拟助手相关的安装、测试、分析和改善等工作。目前,美国中央情报局(CIA)有 137 个正在进行的项目与人工智能相关,包括自动识别标记视频中目标、辅助分析师把有限精力聚焦重要目标、根据大数据和关联性证据预测未来事件走向等。

DARPA 开发单兵使用的情报处理工具。2018 年 3 月,美国 DARPA 战略技术办公室宣布启动一项名为"指南针"(COMPASS)的项目,即"通过规划主动的情景想定进行情报收集和监视",旨在利用人工智能技术,开发可帮助作战人员理解对手意图的软件,在重复博弈过程中,在对手真实意图的基础上确定出最有效的行动方案,以更好地应对和反制潜在对手日益复杂、多层次的"灰色地带"威胁,为决策者提供高保真情报,辅助其制定响应措施。2018 年 5 月,DAR-PA 与北极星阿尔法公司签订"对不同方案主动解释"(AIDA)项目合同,该公司将与雷声 BBN 技术公司开发可供单兵使用、具有基于语义的反绎推理功能的工具,旨在处理来自瞬息万变、复杂、危险环境下的信息和情报,并对发生的事情进行解释。

法国军事情报局欲利用人工智能辅助处理海量情报数据。2018 年 2 月,法国军事情报局(DRM)积极寻求利用人工智能算法筛选处理海量原始情报数据,以支持作战。法国军事情报局将召集初创企业,选取、评估、采办基于人工智能的商用现货产品,并将其集成至现有系统。法国军事情报局除了通过卫星、无人机等装备搜集图像、电子情报,还开展人工智能相关学术研究,充分掌握作战人员的社会、文化背景,旨在更好地预判潜在威胁。由于"伊斯兰国"恐怖分子正在逃离伊拉克和叙利亚,当前非洲国家最大的挑战是追踪恐怖分子向其他国家转移的行踪。法国军事情报局将利用"昴宿星""太阳神"侦察卫星和"收割者"无人机,为中非共和国、利比亚、伊拉克、叙利亚等国在非洲撒哈拉沙漠以南地区作战提供军事情报支持。

韩国开发智能情报系统。2018 年 4 月,韩联社报道,韩国国防部将在 2019 年前投入 29 亿韩元(1724 万元人民币)开发智能型信息化情报监视侦察系统,运用人工智能和大数据技术整合分析间谍卫星、侦察机、无人机搜集的影像情报,远期目标是开发基于人工智能的指挥控制系统,实时研判传递战况。

1.4.4 指挥控制系统的辅助决策技术

美国开发基于人工智能的模拟空战指挥系统。2016年6月,美国辛辛那提大学开发的阿尔法超视距空战系统在空战模拟环境下,指挥仿真战斗机编队与经验丰富的人类飞行员进行模拟空战,获得全胜。该系统的核心是在超视距模拟空战数据分析方面,引入了控制和遗传模糊算法,使得系统能够在与人类飞行员的无数次对抗中学习人类指挥决策经验,提取并生成决策机制。

美国空军多域指挥控制系统应用人工智能技术。2018年8月,洛克希德·马丁公司举行第四次"多域指挥与控制"系统桌面推演,该次推演首次使用智能和自动化工具——多域同步效果工具(MDSET),规划空、天、网作战域动能和非动能打击效果。洛克希德·马丁公司将该工具视为未来多域指挥控制系统的引擎,该工具集成来自其他决策规划工具的信息,应用人工智能技术提升规划效能,旨在创建基于指挥官优先事项的目标行动过程,使规划过程自动化、智能化。

美国陆军、空军开发基于人工智能的辅助决策工具。美国陆军通信电子研发与工程中心基于自动化及认知计算技术研发出辅助决策工具,可辅助指挥官进行更好的指挥决策。美国空军于2017年启动"量子计划"机器学习项目,旨在利用机器学习技术分析美国空军的信息流,并将研究成果用于美国国防部的"规划、计划、预算、执行"决策流程,提升顶层决策能力。"量子计划"项目聚焦算法研究,将开发模式识别与高阶模型生成算法,处理与空军规划、计划实践相关的各种数据,从而构建出能预判未来决策的模型。

俄罗斯指挥自动化系统应用人工智能技术。俄罗斯空天军已于2018年春首次对采用人工智能要素的新型防空自动化指挥系统进行了试验,该系统可统一指挥S-300、S-400、"铠甲"防空系统及现代化雷达系统,自动分析空情并给出武器使用建议,大幅提升俄罗斯防空兵部队的快速反应能力。俄罗斯军方目前正与军工企业共同评估该系统性能,并于2018年装备部队。

1.4.5　通信系统快速自愈和智能组网

根据美军预算文件可看出,在通信领域,美军主要将人工智能用于认知无线电、战术组网、频谱优化利用等领域。认知无线电具备了解周围环境、自动区别友方信号和敌方信号、检测潜在干扰并将干扰转到别的频率,以避免受到干扰攻击等能力,其反应速度比人更快,能够在最短的时间恢复通信链路,抵抗干扰攻击,保持比敌人领先一步。认知无线电(CR)将环境感知、信号处理、人工智能、软件无线电、资源调度分配、功率控制、协同通信等多项技术综合在一起,是一种高度智能的无线电通信系统,其应用于军事通信系统将提高战时频谱管理能力和通信网络的抗干扰能力,同时具有良好的保密及网络稳健性等优点。在战术组网中,利用人工智能的学习能力,可在通过机器学习算法,在战术条件下,快速实现无线组网,并根据战术环境的变化,自适应地进行调整,通过人工智能技术,使战术网络在不断变化的环境中学习应对网络攻击的威胁,提高战术网络安全性等。在频谱管理中,人工智能可使射频系统根据信号环境变化更合理、更有效地利用频谱,提高频谱协同能力,应对战场频谱资源日益拥挤的挑战。2017 年 8 月,DARPA 发布"射频机器学习系统"项目方案征集公告,寻找机器学习方法辅助辨识和理解拥挤频谱环境中的信号,以解决无线频谱拥挤日益严重的难题。射频机器学习系统将具备觉察和理解射频频谱组成的能力,包括发现占用频谱通信的信号类型、从背景中区分重要信号、发现不遵守规则信号等。该项目涉及四方面关键技术:一是特征学习,从射频信号数据集中学习信号特征,用于从民用和军用信号中辨认和描述目标信号;二是注意力和特性,使射频机器学习系统将注意力重点放在潜在重要信号上,并能辨认、识别重要的视觉和听觉刺激;三是射频传感器自主配置,使射频机器学习系统能够自动调整对信号和信号特征的接受力,高效地完成任务;四是波形合成,使射频机器学习系统具备合成任何可能波形的能力。2016 年,DARPA 启动"频谱协作挑战"(SC2)项目,利用人工智能和自主技术完善频谱管理,提高频谱分配效率,满足军用和民用领域射频通信的发展需求。

1.4.6 定位导航系统提高精度、适应环境变化

基于计算机的视觉定位服务技术可大幅提高定位精度。2017年5月,美国谷歌公司公布了基于计算机的"视觉定位服务"(VPS)系统,该系统能够在谷歌人工智能终端的帮助下,实现基本不依赖于GPS系统的厘米级精确定位。该系统一经发布便引起美空军的极大关注,未来有望应用于精确制导和室内作战,催生新型作战能力。该"视觉定位服务"系统是一套新型的图像认知和机器学习系统,需要在谷歌公司人工智能终端Tango上安装相应的软件和数据,通过对高分辨率摄像头采集到的图像进行智能分析和学习,对任意地点进行三维测绘定位和目标特征标识,利用内置的陀螺仪和加速度计,在无GPS信号的区域实现精确三维定位,目前实测定位精度已达厘米级,远高于其他任何不依赖GPS的定位方案。该终端可以内置谷歌地图和街景数据,能够在无GPS、无网络的情况下实现精准定位,为地面机器人、旋翼无人机提供定位,并对完全陌生区域进行三维测绘标注。与现有不依赖GPS的定位技术相比,基于计算机的"视觉定位服务"技术具有定位精度高、部署成本低、抗干扰性强等特点,且该终端无需外部信息输入,因此传统的干扰和反制方案无法对其造成影响,具有先天的抗干扰、抗截获能力,能够极大的提升作战单元的执行能力和生存能力,有可能颠覆未来精确打击武器的定位导航技术。此外,该技术能够帮助旋翼无人机等平台自主识别室内作战环境,实现GPS受限环境下的精准打击,极大提升作战效能。视觉定位服务技术可以通过软件升级方式实现算法的更新和数据的升级,无需频繁更换硬件系统,因此部署和使用成本极低,便于军队推广使用。2017年7月,美国陆军"可靠定位导航授时"(A-PNT)项目发布信息征集书,旨在寻求机器学习和人工智能算法,用于提高GPS拒止环境下可快速使用的导航能力。

1.4.7 电子战系统增强认知能力

美国侧重发展认知电子战。人工智能技术在电子战领域应用的典型代表为认知电子战技术。早在20世纪80年代,美国陆军就曾开发"用于电子战系

统的人工智能"项目。2008年，美国国防部开始自主开发用于下一代电子战的先进认知干扰技术和人工智能技术研究项目，并取得实质性进展，认知理念已渗透到包括电子支援、电子防护、电子攻击在内的各个电子战部分。利用人工智能技术，电子战系统可成为感知对手的威胁系统，可实现无需预编程就能即刻表征对手的系统，即时有针对性地设计出对抗措施，对敌方系统实时进行自主对抗。DARPA设立了自适应雷达对抗、自适应行为学习电子战、人工智能射频对抗等项目。自适应雷达对抗项目旨在确保机载电子战系统能够针对新的未知的自适应雷达实时自动生成有效对抗措施。自适应雷达对抗项目能在存在其他敌对、友好和中立信号的情况下分离出未知雷达信号；推断雷达所构成的威胁；集成并传输对抗信号；并基于空中实时观察到的威胁行为，评估对抗措施的效能。自适应行为学习电子战(BLADE)项目，旨在开发机器学习算法和技术，以快速探测并表征新的无线电威胁，动态生成新的对抗措施。与自适应雷达对抗技术类似，自适应行为学习电子战技术可以根据空中观察到的威胁变化，提供精确的战斗损毁评估。该技术致力于在战术环境中对抗新的、动态的无线通信威胁。它还可以从手动密集型、基于实验室的对抗措施开发方法转为自适应、现场系统对抗措施开发方法。DARPA在2019财年设立人工智能射频对抗项目，该项目旨在开发用于国家安全，尤其是在电子战领域的人工智能。鉴于美国及其潜在对手正在开发具有革命性能力的人工智能技术，国防部必须准备好应对包括进攻型和防御型人工智能在内的冲突。本项目将开发保护国防部系统不会因为启用人工智能而被对手攻击的方法，提高人工智能系统的可靠性和安全性。由此产生的人工智能算法可确保启用人工智能的国防部设备在尽可能大的范围内为用户提供可理解的解释。为了实现这一目标，该项目将利用和推进机器学习与防护能力，寻求将这些新兴技术扩展到正在出现的军事领域，如认知电子战系统。该项目将开发正确的机制训练人工智能系统，使其能在对抗环境下使用。此外，美国陆军、海军、空军均重视在电子战领域积极应用人工智能技术。美国海军希望利用人工智能技术训练复杂的战斗和决策技能，增加培训工具在电子战(EW)和网络竞争环境中的操作。美国空军2018年提出未来提升电子战能力的三大方向，其中之一为认知电子战系统，美空军寻求利用人工智能技术适应瞬息万变的电磁环境。

俄罗斯开发基于人工智能的反无人机电子战系统。2018年7月，俄罗斯Sozvezdiye公司开发出一套基于人工智能技术的无线电电子干扰系统，用于对抗非法飞行无人机。该系统通过学习1万~2万个案例，可根据情境、目标行为特征等作出"敌方"或"己方"的判断，抑制敌方无人机的控制、遥测和通信信道，对其实施干扰。该系统已于2019年交付使用。

1.4.8　网络空间领域防御和攻击技术

近年来，神经网络、专家系统、机器学习等人工智能技术在网络安全防御中涌现出很多研究成果。总体而言，目前人工智能重点应用在网络安全入侵检测、恶意软件检测、自主网络攻击等领域。

美国防信息系统局利用人工智能防止恶意软件入侵。2018年7月，美国国家安全局（NSA）将防止恶意软件入侵的Sharkseer项目转交至国防信息系统局。该项目利用人工智能技术扫描输入通信量上存在的"零日漏洞攻击"安全漏洞，还可监控入侵国防部网络的邮件、文件等输入信息，实现即时、自动识别入侵身份并定位，以保护美国防部网络安全，该项目自2014财年以来已获得3000万美元资助，未来还将继续得到美国防部资助。9月，美国防信息系统局发布关于签署无签名端点保护（SEP）原型试验项目需求公告，旨在寻求利用人工智能、算法科学和机器学习的签名端点保护方案，分析潜在DNA级别的恶意文件、软件行为，只需进行少量更新，即可在隔离网络中工作，检测并阻止恶意软件运行。

美军开发应用人工智能的网络免疫系统技术。2017年11月，美国空军与国防部战略能力办公室（SCO）共同开发应用人工智能技术的网络免疫系统技术。这项技术将分层防火墙，即能探测、隔离恶意网络入侵并从中恢复的人工智能系统集成，大幅增强对网络或系统的防护能力。对于陆军、空军、海军、海军陆战队及整个国防部都具有重要意义，尤其是对保护空军网络安全，支撑空军掌握制空权意义更大。

DARPA资助研发基于人工智能芯片的自主网络攻击系统。2017年10月，美国斯坦福大学和美国Infinite初创公司联合研发了一种基于人工智能处理芯片的自主网络攻击系统。该系统能够自主学习网络环境并自行生成特定恶意代码,实现对指定网络的攻击、信息窃取等操作。该系统的自主学习能力、应对病毒防御系统的能力得到美国国防高级研究计划局(DARPA)的高度重视,并计划予以优先资助。该系统采用"先进精简指令集机器"(ARM)处理器和深度神经网络处理器的通用硬件架构,仅内置基本的自主学习程序,通过网络自主学习、生成特定恶意代码,实现对指定网络的攻击、信息窃取等。通过人工智能技术自主寻找网络漏洞的方式,将逐步取代人工漏洞挖掘方式,使美军网络作战部队行动更加高效,针对特定网络的攻击手段更加隐蔽和智能。

DARPA将人工智能黑客系统作为未来研究热点。DARPA举办了网络超级挑战赛,希望通过比赛建立一个既可以解决自己网络漏洞,又能找到对手漏洞的团队,而全自动化的黑客系统将是终极探索前沿。机器人黑客可以快速识别和修复漏洞,以防被人用于窃取数据或破坏网络服务。目前,最好的解决方案是将人类的技能与机器相结合。

此外,美军在"X计划""战神金刚"军用软件漏洞检测等诸多项目中也都在尝试应用人工智能提升系统性能。日本等国也明确表示将人工智能应用于网络空间安全领域。

1.5 发展影响

在信息技术逐步进入成熟期后,人工智能技术应运而生并逐步进入高速增长期,在主战装备、信息基础设施、探测感知、指挥决策、行动控制等领域进行融合,将给军队力量组织形式、战场对垒态势、后勤保障模式等各方面带来深刻变革。

1.5.1 改变未来装备的组织形式

智能技术变革性发展将改变作战能力生成模式,通过泛在设施和智能互联支持战斗力全球可达,融合人类智慧和机器认知增强节点感知、决策、打击、保障能力,支撑作战能力的灵活重组、体系赋能。

1.5.1.1　无人系统改变作战力量的组成结构

人工智能技术推动军用无人系统的创新发展,使无人地面平台、无人作战系统、群智能等军用无人系统进展加速。与此同时,无人与有人作战单元的协同编组,也将导致各类"混搭式"新型作战力量不断涌现。

美军智能化装备已开始在作战行动中担当"主力"。2015 年在阿富汗战场上,无人机投弹数量首次超过有人机。在阿富汗和伊拉克战场,美军累计使用超过 8000 部无人地面装备执行扫雷、排爆等危险任务,有效减少人员伤亡。美国陆军计划 2035 年前由无人机承担大部分空中侦察监视以及 75% 的攻击、空中后勤补给等任务。

1.5.1.2　群智能开启集群协作新模式

无人系统集群具有态势感知能力强、功能分布化、作战成本低、体系生存率高等特点,可形成压倒性军事优势。群智能整体上呈现出高速发展的态势,军事需求引领无人机集群技术发展。美国国防部已将人机编组作为"第三次抵消战略"中重要的作战能力,未来 5 年将投入 30 亿美元推进人机混编,将复杂系统分解成协同行动的低成本系统,形成全新作战能力,使无人作战样式逐步从单平台作战向多平台集群作战转变。

与此同时,不少国家在陆、海、空战场领域都展开了无人系统集群作战的研究,在陆战场,以地面无人系统为主体的集群作战已经走上战场并初露锋芒,俄军在叙利亚首次使用两种型号共 10 部战斗机器人参加作战行动;在海战场,主要展开的是以无人艇和无人潜航器为主体的集群作战研究,美国海军在无人系统集群作战方面已取得突破性进展,正在寻求建立一支由无人潜航器构成的水下无人舰队实施反水雷和水下攻击作战;在空战场,美、俄空军都已展开无人系统集群作战的相关研究,美国提出要以 F-35 和 F-22 等战斗机控制无人机队,实现"忠诚僚机"的作战概念,并计划在 2036 年实现无人机系统集群作战,俄罗斯公布将于 2025 年能够指挥控制 5~10 架装备高频电磁炮的无人机集群作战。

1.5.1.3 引发军工研制生产模式深刻变革

新型智能专家系统、智能机器人在武器装备设计、制造、维护全流程中的泛在化应用,将深刻影响军工研制生产模式。美国自 2011 年起全力打造智能制造生态系统,快速驱动人工智能融入装备制造,已在智能制造标准和体系方面抢占先机;国防部联合洛克希德·马丁公司、波音等 80 多家公司成立"数字制造与设计创新机构",将人工智能作为四大核心研究领域之一;2016 年,微软与罗·罗公司合作,建立基于人工智能的发动机检测管理系统,通过海量信息处理与智能反馈技术,实现单架飞机年成本节约数百万美元。人工智能作为智能制造的核心关键技术,其广泛应用将推动军工研制生产模式的不断革新。

1.5.2 催化未来作战形态与样式演进

随着大数据、云计算、人工智能等现代科学技术的发展,将使未来战争更趋复杂、多变,更加迷雾重重:战争进程显著加快,战况稍纵即变,对决策速度要求快;作战力量多元一体、作战空间大幅拓展,对作战筹划和战局掌控要求高。只有提高作战体系的智能化程度,先敌作处决策判断,才能把握战争态势、形成战场优势。智力将成为最关键的制胜要素,局面越复杂、变化越迅速,越能体现其重要性。人工智能技术将催生信息化战争从以网聚能上升到以智驭能,使得战争形态将向以智能为主要特征的高阶战争演进,具备更加透彻的感知、更加高效的指挥、更加精确的打击和更加自由的互联。

1.5.2.1 增强战场态势感知与指控水平

面对现代战争空前苛刻的战场响应和精准指挥要求,具备高速计算与方案规划能力的人工智能可扮演战场指控系统的"神经中枢",实现对战场态势的智能感知。智能指挥决策系统可高效处理海量战场数据信息,提供辅助决策,将对作战样式产生变革性影响。未来,人工智能程序可帮助作战人员进行数据分析工作,对来自诸如无人机采集的海量视频数据进行自动分析,替代人工数据处理过程,为作战人员和指挥人员提供高效、准确的战场决策建议。算法正重塑战场指控与情报处理模式,将全面更新作战理念及作战样式,体现在以下3个方面:智力会超越火力、信息力成为决定战争胜负的首要因素;控制取代摧毁成为征服对手的首选途径;在作战体系中,集智的作用有可能超过集中火力和兵力的作用。

高度智能化的辅助决策系统可减少人对作战链的干预,大幅提高作战敏捷性和强度,形成"高智"战场优势。例如,国防部计划通过"算法战跨职能小组"项目实现自动视频数据算法,让分析员从观看视频等相对低级的视频数据工作中解放出来,依托计算机即可将数小时的航拍视频变为可指导战场行动的有效情报,更准确地搜索藏匿于伊拉克和叙利亚的"伊斯兰国"武装分子。根据国防部计划,算法首先用于情报领域,即运用大数据、计算机视觉及模式识别等技术,提升"处理、分析与传送"战术无人机获取视频数据的自动化水平,支持反恐作战;其次将用于其他领域,如在"反介入/区域拒止"作战方面,算法可以提升有人/无人作战的协同能力,实现蜂群式无人作战系统管理;在城市战方面,针对城市进攻、防御、机动、防护需要,在地形测绘、应对"城市峡谷"对信号接收的影响、开展社交媒体监视等方面,发挥重要作用;在网络战领域,通过"算法战"能完成大规模快速攻击;在电子战领域,可通过开发新算法迅速识别敌方雷达信号并实施干扰;在指挥控制方面,智能技术的应用将明显缩短任务规划与任务执行之间的时间间隔,实现任务执行过程中的再规划,明显加快作战节奏,增强作战灵活性。高度智能化的辅助决策系统将从思想、技术和应用模式上对军事能力产生全面影响。

1.5.2.2 实现精确打击和防御等重要作战目标

人工智能技术赋予新型武器装备自主决定作战路线、规避障碍、独立完成打击、回收等能力,将人从武器装备烦琐的操控指挥和维护保障中解脱出来,提高作战效率。人工智能已成为无人作战平台判断分析的"大脑",推动其从人为后台操控向智能自主方向发展。美国空军投资开发的"阿尔法"人工智能空战系统,在模拟空战中战胜优秀空军资深飞行员,标志着新型机载人工智能系统研制取得重大进展。该系统可实时处理来自各类传感器的海量信息,为飞行员提供合理建议,也可作为无人机控制系统,自主执行任务。

在空袭、防空等现代战争的核心作战场景中,平台操控、通信组网、识别、判断、武器发射决策等"核心"工作预期未来都可以交由人工智能和自主系统完成,全部或部分地替代人类。近年来,美军为进一步加强精确制导弹药在复杂战场环境下的突防和打击能力,不断加大新型制导弹药智能化研发力度。①增强自主识别能力。美国在研的智能导弹采用"图像理解"人工智能技术,已能区分外形和尺寸相同的敌友军用卡车、地空和地地导弹等目标和假目标。②自主组网攻击。智能化弹药具有"自我思维"的能力,能组网形成全方位的打击优势,并自主调整跟踪和打击目标,寻找最易攻击的部位。③提升自主导航水平。利用芯片级高精度惯性导航技术及其他多模复合制导技术,实现不依赖 GPS 和后方远程网络的自主导航,能够感知对手电子对抗干扰,自主规划路径、改变弹道飞行轨迹,实现导弹末端弹道机动,自主寻找目标和实施自主攻击。

1.5.2.3 形成跨域跨界作战能力

军队现有组织形态都是由基于武器平台和作战空间的军种结构组成,各军种均构建了情报、侦察、指挥、通信、打击、保障等力量体系,已不适应信息化条件下一体化联合作战需要。随着战争空间多维、力量多元、样式多样、节奏加快趋势突出,基于(超)人工智能的武器平台,包括无人机、无人艇、无人战车、机器人等,是战场的核心元素,通过脑机互联形式辅助智能作战。相比于信息化战争,智能化战争作战更加强调体系化,并衍生新的作战样式。其中,获取网络空间优势仍可能是在其他领域成功实施军事行动的先决制权;"舆论攻击"和"心理打击"将全时域、无孔不入;太空、临近空间将成为谋求军事优势的战略制高点;水下特别是深海作战重要性将越来越强;等等。随着大数据、云计算、人工智能等技术的发展,各类作战空间将趋于更加紧密,各类作战力量的联合也更加一体。但无论是人机结合,还是机器与机器相结合的智能化集群,都可以在更高层次提高攻击力度,实现集群的去中心化及抗毁性,保证行动的更加自主化,由此必然带来其战法创新空间的极大拓展甚至革命性变化。

1.5.2.4 深化模块化作战力量定制建设

根据作战任务和功能需求,定制无人化智能化作战单元,生成精干高效的模块化作战部队,将成为下一代战争组织形态的重要特征。美军在20世纪90年代就开始试验模块化部队,有效提升了模块化旅灵活编组和独立战斗能力。目前,美军正在探索构建战场态势感知、航空火力支援、网络通信中继、兵力机动增强、持续后装保障等无人化智能化作战单元。战时,可根据完成任务需要,为联合部队灵活定制相应的力量模块,向战场快速输送和部署作战力量。这说明军种模块已不仅是作战单元的简单集合,而且是将不同武器平台的有机集成,按此方向发展,联合任务部队形成合成化、多能化战斗能力已指日可待;将促进体制编制扁平化,提升作战指挥和行动效率。

现行军队组织形态基本采用宝塔式的树状结构,指挥体系层级多、作战行动链路长,越来越难以适应威胁背景复杂、指挥对象多元、行动协同高效的要求。大数据和云计算技术的发展,使指挥体制扁平化、作战决策智能化和作战行动自主化成为可能。在作战云体系支撑下,各类力量单元形成网络矩阵运行机制,获得一致的作战态势图,实现数据资源共享、指令同步传输、武器平台互联、互通、互操作,有效提高作战力量群的决策、指挥、协同效能。

1.5.3　改变未来的后勤保障模式

信息化战争对军队装备保障产生了广泛而深刻的影响,要求有信息化的精确保障支持,满足作战行动多维、快节奏、联动的要求。依托信息基础设施,通过加速大数据、云计算、人工智能等前沿技术与保障装备的深度融合,牵引装备模式创新、推动装备保障体系重构、推动装备保障的智能化发展和支撑系统装备保障能力发展。

1.5.3.1　推动装备保障的智能化发展

建立完成的军事装备及其保障情况的数据资源收集、处理、储存与反馈系统,对相关信息进行科学的统计分析、流通和反馈,为装备保障筹划、决策、管理和实施提供科学依据,及时、准确、全面地将装备固有的"军事潜能"转化为现实军事力量,确保信息化装备发挥其应用效能。

智能化装备推动装备保障智能化发展。智能化保障装备内嵌故障诊断系统、条码识别装置以及高精度导航定位装置等,可不间断地采集动态数据,及时准确地掌握各种装备、物资的储备分布、消耗使用情况等信息,实现物资和装备耗损、人员健康状况等信息的共享互联,这既对装备保障智能化提出了新的标准和要求,又可作为智能化装备保障的支撑,从而推动装备保障智能化的发展。

智能化装备保障推动军事活动智能化的发展。军事活动智能化随着智能化装备及其保障的演变而发展,是一个长期的发展过程。同时,智能化军事活动是由多个要素组成的,以一定的方式组合在一起,才能发挥最大的活动效能,装备保障作为智能化装备、信息科学与技术、智能手段和高级科技人才等融于一体的综合系统,在智能化军事活动中具有非常强的融合作用。智能化装备保障在效能上以知识为主导,依靠智力和结构力为军事活动带来巨大效能;在技术体系上以人工智能为核心,智能化装备为军事活动智能化发展奠定了物质和技术基础。

1.5.4 增大军事作战和政治风险

人工智能是把"双刃剑":一方面,其广泛应用能够对武器装备与军事作战产生积极影响;另一方面,如果使用不当,也可能增大军事作战和政治风险。具有深度学习能力的人工智能系统一旦失控,或是被非法人员控制和恶意使用,产生的后果将不堪设想,严重威胁军事和网络安全。此外,同盟国在作战之前会相互交换敌军行动的视频和音频记录,以便为制定特定策略提供依据。但是,人工智能技术可以很方便地制作高质量的音频和视频,并进行恶意篡改,达到真假难辨的效果,从而影响同盟间的信任。最后,人工智能将推动未来战争变为无人机和机器人之间的不流血战争,作战人员通过远程操控智能系统参加战斗。战争代价一旦降低,即有可能增大国家之间爆发大规模战争概率。以下是人工智能在应用过程中可能或已经出现的安全风险案例,尽管有些尚未出现在军事领域,但由于底层的人工智能技术是相通的,反映的问题也需要引起足够重视,避免其在军事领域重演。

1. 目标识别过程存在出错风险

基于人工智能算法的目标识别技术广泛应用于军用系统中,例如情报获取、瞄准目标识别、战场信息分析等,若人工智能系统无法正确识别目标,将会丧失辨认目标的基本能力,使战场态势感知能力大打折扣。一旦被对手利用,篡改图像识别分类方法,会导致目标识别错误,引发战场情报信息有误、无人机等自主化武器系统捕获目标失败、无法识别恐怖分子、攻击时间不当等后果,给战场有效打击、维护国家安全等带来巨大风险。

2017年,麻省理工学院研究团队利用不良样本给计算机引入一些人眼无法察觉的修改,通过微调图片,欺骗了"谷歌云视觉"人工智能程序,使其对图像进行错误的分类,把步枪判定为直升机。通常,必须掌握目标计算机系统的基本机制才能篡改图像样本分类,但麻省理工学院团队在没有获得目标系统信息的情况下实现了错误分类,使系统无法正常进行目标识别。加州大学伯克利分校计算机系宋晓冬教授研究团队发现,在实施技术干扰后,计算机在进行深度学习时容易被欺骗,例如试验中计算机将"禁止停车"标志识别为"限速"标志。美国智库海军分析中心指出,应高度关注自主化武器系统是否出现身份识别错误的问题,包括对不同类型识别信息进行交叉检查或标记潜在冲突或不一致情况。例如,识别目标的运动情况与可疑平台或目标类型不一致,将会导致自主化武器系统无法捕获目标或贻误战机。

2. 过度依赖人工智能算法存在潜在风险

人工智能算法的共性是能够适应变化的输入数据源,因而学习算法的有效性容易受训练数据的特征影响,可响应输入数据的自适应算法也为恶意用户提供了攻击的可能,这种数据漏洞导致人工智能系统具有"恶意攻击"的潜在威胁。

美国 SABRE 半自动在线订票系统默认使用基于典型用户行为的排序方法,造成了严重的偏见现象,无法客观显示机票信息。2016 年,Angwin 等研究人员分析美国司法系统广泛使用的犯罪风险评估系统时发现,该系统存在种族偏见问题,错误评估了不同种族罪犯再次犯罪的概率,该系统中黑人被告被错判为高危暴力罪犯的概率是白人被告的两倍,而白人累犯被错判为低危险罪犯的概率比黑人罪犯高 63.2%。2016 年,微软公司推出的人工智能聊天机 Tay,仅上线 1 天就变成了"喜欢希特勒、抨击女权主义的恶魔",学会很多带有种族歧视、性别歧视、同性恋歧视的语言。该机器自主从人类聊天的数据中学习,同时也学习到了人类自身所存在的偏见。

3. 无人系统安全面临各类风险

无人系统出现事故,大多是由于不能灵敏、及时地对突发情况作出应急反应,智能性、安全性不足,同时也存在遭到敌人干扰、诱骗甚至控制的风险。无人自主化武器系统在作战中可被敌方诱骗并控制,造成极大损失。

2016年5月,美国一辆开启"自动驾驶"模式的特斯拉电动车发生了车祸,驾驶员致死,这是特斯拉全球首例死亡事故。2017年11月,美国拉斯维加斯一辆自动驾驶公交车在上路2小时后与一辆大货车相撞,该自动驾驶公交车在大货车靠近时,未能及时作出躲避。谷歌公司自2012年启动"无人驾驶"项目后,发生过18次轻微事故。2018年1月,俄罗斯驻叙利亚基地遭恐怖武装分子多架无人机攻击,但俄罗斯通过干扰、欺骗、控制等技术,成功控制了其中6架无人机。

4. 致命性自主化武器存在无意间交战的风险

自主化武器系统应高度避免错误辨识的可能性,包括对不同类型目标的辨识信息、其传感器系统应确保与适当的反友军开火措施相一致,尽可能地为自主系统提供信息和情报,并作出最佳作战决策,避免战机选择失误、造成无故伤亡等问题。

美国权威智库海军分析中心认为,致命性自主化武器存在的最大的风险是"无意间交战",主要包括三方面:一是对友军无意间开火,主要由于身份识别错误、敌我识别失败、无法识别开火者身份、态势感知能力差;二是对平民无意间造成伤亡,主要由于目标内存在未被发现的平民、身份识别错误、战术耐心不足、战机选择不佳等;三是对敌军无意间开火,可能引发违背国际法或丧失作战主动权等问题。

5. 人工智能会对网络舆论进行诱导

基于人工智能的网络宣传工具,依托数据挖掘等技术可实现定向精准分发,易被具有特定意图的国家机构、极端组织势力利用,通过网络宣传的途径,进行心理战、意识形态渗透、颜色革命等方面攻击,在作战中易涣散军心,严重威胁社会稳定和国家安全。

剑桥分析公司(Cambridge Analytica)以数据驱动的心理分析模型、行为分析技术,深度参与美国政治竞赛活动。该公司主要采用人工智能技术支撑的广告定向算法、行为分析算法和数据挖掘分析技术支撑的心理分析预测模型辅助进行"竞选战略",目前约参与了44次美国政治竞赛活动,并对乌克兰"橙色革命"、英国脱欧运动成功、纳尔逊·曼德拉的当选、泰德·克鲁兹的初期竞选发挥至关重要作用。

6. 人工智能与恶意软件相结合会引发严重安全问题

人工智能的进步在推动网络攻击技术不断发展的同时,也给网络空间安全带来了隐患。非法人员可利用人工智能技术提高挖掘目标对象漏洞的能力,更有效地实施复杂网络攻击。

2017年,第一篇公开提出使用机器学习创建恶意软件的论文指出,大部分恶意软件是通过人工智能方式生成的,恶意软件作者通常无法访问到恶意软件检测系统所使用机器学习模型的详细结构和参数,因此只能执行黑客攻击。且"黑客AI"程序能够通过观察、学习恶意软件防御程序作出决策,进而改进成为更小程度被检测的恶意软件。迈克菲实验室2018安全威胁趋势预测指出,新网络威胁的快速发展和巨大威胁需要防御方能以机器速度检测新威胁,机器学习加速了攻防双方的对抗。

7. 自主化武器互操作问题引发的协同作战风险

美国多次作战表明,集成与互操作问题对于赢得战争至关重要。自主化武器系统应在任务指令、态势感知信息及友军位置信息、最新的解除冲突信息等方面保持协同。系统应通过设计通用的体系结构、数据链标准等,以有效和可互操作的方式确保自主化武器系统的信息需求得到充分理解和最佳信息交换,确保联合作战的最佳协同。

美国海军分析中心指出,虽然自主化武器系统一般为独立运行,但其对互操作性要求更高,主要表现在三个方面:一是自主化作战减少了通信的机会,对系统内通信互操作性要求较高;二是缺少人员参与,无法及时发现解决问题;三是技术采办过程中潜在的互操作性挑战。

8. 人工智能程序本身也存在被攻击的风险

在传统软件开发中,程序为手工编码的顺序执行指令,但机器学习计算程序本身就是将某种算法应用到一组训练数据实例中,这种范式具有分析非结构化传感器数据的能力的优势，但也存在一些弱点，如在训练数据集中存在对未发现数据的不可预测性。因此，研究人员探究基于机器学习系统的弱点和潜在可利用的方面，即"反人工智能"。目前，反人工智能仍处于早期探索阶段，2017年7月，美国权威智库已建议美国国防和情报机构重点投资在攻防两端"反人工智能"的能力。美国或将通过资助学术机构进行研究。

目前，在识别机器学习系统中可预测、可利用漏洞方面取得一些进展，美国怀俄明州立大学和康奈尔大学研究人员研究表明，开发图像分类机器学习算法的"对抗"算法，可对任何图像进行应用转换，从而使算法对结果进行错误的分类。未来十年，机器学习很可能被纳入一套庞大而多样化的系统中，美国已注意到必须投资开发能够利用对抗机器学习系统漏洞的能力，并确保己方不受"反人工智能"的威胁。

第 2 章　智能化主战装备

随着以人工智能为核心的前沿技术在作战指挥、装备、战术等领域渗透和拓展,逐步推动主战装备逐渐具备人类所独有的"认知"能力,如可以"有意识"地寻找和识别需要打击的目标,具有辨别自然语言的能力等。智能化是主战装备未来发展的核心方向。当前,世界军事强国都在抢占智能化装备研发的新制高点。从美国官方公布的"第三次抵消战略"内容看,其涉及的主要技术均以人工智能技术为基础。美军的"小精灵"无人作战体系将对海上作战群以及"敌方"防空反导系统网络体系构成巨大威胁。俄军曾在叙利亚部署"天王星"-6无人战车执行扫雷、破障任务,预计未来还将在全军范围内逐步列装无人作战平台。智能化装备的使用,可有效减少战斗员伤亡,同时大幅提升作战效能。

2.1　概念内涵与发展需求

智能化主战装备集无人技术、人工智能技术、互联技术、可探测技术、纳米技术和环境物理技术为一体,将在未来军事领域占有重要地位,对战争形态产生颠覆性影响。

2.1.1　概念理解

智能化主战装备一般是指具备人工智能技术,可自动寻找、识别、跟踪和摧毁目标,在作战中起主要杀伤、破坏作用的武器和武器系统,具有指挥高效化、打击精确化、操作自动化、行为智能化等特点,覆盖陆战领域、空战领域、海战领域、天基领域等主要作战领域,主要包括精确制导武器、无人机、军用机器人等①。

---

① 参照《中国人民解放军军语》。

2.1.2 主要特征

在深入分析人工智能、大数据、物联网等新兴技术为主战装备所赋予的能力后,可以判断智能化主战装备将呈现以下特征:

(1)有适应特性,有学习能力,有演化迭代,有连接扩展。智能化武器装备在理想情况下应具有一定的自适应特性和学习能力,即具有一定的随环境、数据或任务变化而自适应调节参数或更新优化模型的能力;并且,能够在此基础上通过与云、端、人、物越来越广泛深入的数字化连接扩展,实现机器客体乃至人类主体的演化迭代,以使系统具有适应性、鲁棒性、灵活性、扩展性,来应对不断变化的现实环境。

(2)有自主决策特性。智能化武器装备包括执行侦察、机动、打击、防护等智能化作战任务的各类武器装备,能够根据任务目标、敌方情况、战场环境、自身状态的实时变化,自主判断情况、选择和执行恰当的行动方案,并在作战过程中不断学习、改进判断和决策能力。

(3)自动目标探测识别和多传感器数据融合。智能化武器装备利用计算机、数据库、人工智能等技术不仅能从复杂环境下有效提取目标的航迹,还能进行多传感器的数据融合,综合处理多传感器的数据。在得到的目标或数据不完整时,可通过联合而得到合理结果。武器具有人类行为特性,出现仿真视觉、仿真听觉和仿真语言等,捕获目标本身发出的一切信息。

2.1.3 组成结构

根据主战装备的作战域划分,智能化主战装备主要包括陆战、海战、空战装备和天基装备,主要支撑技术包括军用物联网技术、人机交互技术、无人装备集群技术和智能数据处理技术。而根据技术的不断发展和融合创新,主战装备的智能化体系也可分为以下5个层次:①战场感知的泛在化,广谱感测技术与物联网技术将外层空间、临空、空中、陆地、海上、深海构成一体化战场感知体系;②武器装备的自主化,武器层级的无人化装备占比日益增大,不断改变作战力量的组成结构;③指挥决策的智能化,人工智能技术的深度运用将实现由经验决策向智能决策转变;④作战运用的集群化,将在单元层级形成自主化的作战集群与编队,人机协同作战和自主对抗的智能化战争成为可能;⑤作战体系的云态化,各类作战人员、装备、设施、环境要素在云态化的战场态势支撑下,形成巨型复杂自适应对抗体系,云聚融合网聚成为新的作战力量汇聚机理。智能化主战装备的主要构成如图 2-1 所示。

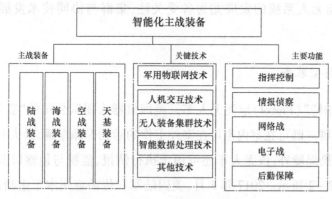

图 2-1 智能化主战装备的主要构成

2.2 发展现状与发展趋势

目前无人化、智能化主战装备技术呈现井喷式发展势头,已成为最具代表性的军事技术革命,将推动战争进入信息化、网络化、无人化、智能化的高级阶段。美国、俄罗斯和欧盟等国家和地区智能化主战装备正在陆续研制中,并已部署到陆、海、空等作战域,支持智能化主战装备的关键技术,如军用物联网、人机交互、无人装备集群、智能数据处理等技术也都不断成熟,并加速在装备中的应用。

2.2.1 陆战装备

智能化陆战装备在侦察监视、目标指示、通信中继、后勤运输、战场救护、火力打击等方面可发挥传统陆战装备无法比拟的作用,正在对战争形态的发展产生重大影响,是未来陆军作战方式向非接触、非线性、非对称、零伤亡变革的必要装备,因而成为世界各国在军事和民用等领域相互角逐的竞技场。美国国防科学委员会发布的一份研究报告认为,近年来陆战装备受到人工智能技术进步的推动,在实用性方面已达到一个"引爆点",能独立选择行动路线以实现目标的自主军用技术正快速成熟。目前,世界智能化陆战装备和技术持续快速发展,自主地面无人系统实用化进程加快,逐步探索地面无人/有人装备协同作战,仿生地面无人系统的发展尤为备受关注,集群与协同技术发展取得重大进展。

2.2.1.1 典型装备

"普罗伯特"(Probot)地面无人车。美国机器人团队公司的"普罗伯特"无人车是目前唯一既可在室内也可在室外工作的后勤保障车辆,最大有效载荷为750kg,除后勤保障外,该无人车还可用于执行情报、监视与侦察以及医疗后送任务,如图2-2所示。2017年3月,美国陆军在佐治亚州本宁堡测试了"普罗伯特"无人车,这标志着第二代"普罗伯特"无人车已交付美国陆军。

图2-2 机器人团队公司的"普罗伯特"无人车

"铁甲"无人车。2017年9月,英国BAE系统公司披露了这款无人车。BAE系统公司正在与英国多所高校合作开发自主能力无人车,当前正在研究使用雷达等不同的传感器应对在水障和坑洼障碍等区域的导航挑战,以及降低错误导航概率,已开发的一款自主能力组件可应用到"铁甲"无人车上,使其能够参与护卫行动,以及实现领导、跟随、路径点导航和障碍规避等功能。BAE系统公司下一步工作是让"铁甲"作为战斗小组的一部分自主行动,并与其他车辆、无人机及对面部队交互,完成任务目标。

"山猫"仿生机器人。2016年4月,俄罗斯正在研制的"山猫"仿生机器人,包括综合战斗管理系统、转向装置、技术监视设备、数据链、导航系统、侦察设备、定位跟踪设备、软件和各种有效载荷,具备侦察、火力支援、扫雷、后勤支援等能力。半自主和自主运动模式都集成在机器人的管理系统中。由于安装了人工智能组件,"山猫"可以自行制定线路前进。

"汉德尔"轮腿式机器人。2017年2月,波士顿动力公司公布了一段视频,展示了研制的最新型"汉德尔"轮腿式机器人。该机器人基于波士顿动力公司的"阿特拉斯"人形机器人研制,并在"阿特拉斯"的腿上安装了两个轮子,其轮式和腿形混合系统结合了两种运动方式的优点,在平直良好路面行走速度快,在崎岖恶劣路面通过能力强,最大速度可达14km/h,最大行程为24km,远超传统双足机器人的行程,可完成搬运45kg重物、下蹲甚至跳过障碍物等动作。该机器人采用"阿特拉斯"的躯干,手臂略微改进;动力系统采用电池,驱动电/液压执行机构;吸取了四足和双足机器人的控制经验,控制软件并不完全相同,但平衡和动态控制原理大体相同,与之前开发的四足和双足机器人相比,"汉德尔"的复杂程度明显降低,是当前最先进的人形机器人之一。

"菲多尔"机器人。该款机器人由俄罗斯安卓技术公司和先进研究基金会联合开发,可完成拧灯泡、单腿站立、越过障碍物、开车、使用各种工具、做俯卧撑甚至持枪等动作。安卓技术公司正在乌拉尔地区的马各尼托戈斯克建立自己的生产基地,占地面积11000m^2,以满足"菲多尔"机器人批量生产的需求。虽然俄罗斯明确表示"菲多尔"只用于太空探索任务,但其已经具备作战能力,潜力巨大。

2.2.1.2 应用情况

智能化陆战装备最适合和最便于应用的方向就是侦察、排爆和后勤支援,如美国机器人团队公司的"普罗伯特"无人车;美国海军订购的MK2便携式机器人系统和将要推出的先进排爆机器人系统"增量1"都是军方需要的排爆机器人;英国BAE系统公司的"铁甲"无人车可承担侦察、伤员后送、区域拒止和排爆等多种任务;诺斯罗普·格鲁曼公司的"流浪者"无人车具备探测并确定危害存在、危害性质、通过搭载各种有效载荷处置危害的能力;德国莱茵金属公司的多任务无人车可用于侦察与战术监视、后勤保障、伤员后送、化生放核与爆炸物探测、通信中继等任务。

此外,智能化陆战装备的集群与协同作战技术也步入试验、演示和技术应用阶段。DARPA 2017 年启动"进攻集群使能战术"项目,将采用开放式架构研发和作战相关的集群战术生态系统,通过组建数量超过 100 辆/架无人车与无人机构成的集群,通过无人系统集群生成、评估和集成集群战术,以提高部队的防御、火力攻击、精确打击能力以及情报、监视与侦察能力。其他相关研究主要集中在地面无人系统协同、地面无人系统与空中无人系统协同,以及地面无人系统与士兵协同等方面。

2.2.1.3 发展趋势

人工智能技术在军事上最突出的作用是提高传感器和指挥控制系统的智能化和自动化水平。美国陆军期望能够将更智能的计算机用于电子战,并提高导航的抗干扰能力。其希望利用人工智能技术快速分析、适应并响应威胁,以应对更加复杂的电磁环境。美国陆军采办、后勤与技术副部长和快速反应能力办公室在 2017 年 8 月发布机器学习技术信息需求,期望开发能自主学习如何跟踪电子战威胁及进行威胁响应管理的计算机。美国陆军还希望利用人工智能技术来开发新的定位、导航与授时方法,该方法可在 GPS 受到干扰或信号在城区或地下环境中无法传输的情况下使用。

人工智能将提高机器人与自主系统在执行任务时独立工作的能力,如越野驾驶、分析和管理大量数据以简化人类决策。人工智能将越来越多地考虑诸如任务参数、交战规则和详细地形分析等作战因素。随着人机协作的成熟,人工智能将有助于在 5 个领域做出更快和更好的决策:确定战略指标和警告;对抗敌方宣传;支持作战/战役级决策;使领导人员能够使用有人/无人联合编队;加强特定防御任务的执行能力,其中速度、信息量和同步功能可能优于人类决策。

2.2.2 海战装备

近年来,随着水声探测与通信、能源与推进、集成计算、人工智能等技术的进步,智能化海战装备得到了飞速发展,正在逐步成为水下作战的关键要素,支撑开发水下乃至深海这一极具特殊战略地位的空间,牵引出了一个具有重要军事价值的新领域。

随着国际环境的日益变化和相关技术的不断发展,世界军事强国将水下力量作为在强对抗环境下谋求不对称优势的主要抓手,从战略、部署、装备和技术全方位加强智能化海战装备的发展。尤其是美国成立专门的水下无人系统作战编队并参与实战应用,表明其水下无人系统及其相关技术已较为成熟,未来美国还将会在制约水下无人系统发展的瓶颈技术上不断投入,特别是水下通信和无人系统组网协同等先进技术。

2.2.2.1 典型装备

典型装备包括分布式敏捷反潜系统(DASH)中潜艇风险控制(SHARK)子系统。该系统由携带主动声纳的多个水下无人自主系统组成,通过信息中继单元实现组网,以集群的方式工作于深海区域,可通过接力方式或者形成探测栅栏,以更强大的能力实现对敌方潜艇的探测。截至2016年5月,该系统已完成海试,研究工作趋近尾声。

"黑翼"微型无人机。该无人机是美国航空环境公司在"弹簧刀"无人机基础上研发的一种管式发射小型无人机,配有先进的卫星光电/红外传感器、一体化惯性/GPS自动驾驶仪系统和Link-16数据链,能够为潜艇、无人潜航器和其他飞行器提供信息中继,可从水下由潜艇或无人潜航器发射,如图2-3所示。近年来,美国海军不断推动"黑翼"无人机的研发和采购工作,以期实现水下无人系统跨域获取目指信息的能力。2016年5月,美国海军选择航空环境公司的"黑翼"无人机。美国海军水下战中心于2017年10月授予美国航空环境公司一份250万美元的合同,用于采购"黑翼"无人机,首批于2018年5月交付。

自主遥感水面艇(Sensor Hosting Autonomous Remote Craft,SHARC)。该水

图 2-3 航空环境公司的"黑翼"无人机

面艇由波音公司研制,利用太阳能及波浪能量推进,平均工作时间可达 6 个月,能够自主部署海底传感器并测定其位置,再通过卫星来传递该数据。该水面艇首次参加了美国海军于 2017 年 8 月举办的先进海上技术演习(Advanced Naval Technology Exercise,ANTX)。在演习中,通过 2 艘 SHARC 无人艇组网为经过该区域的其他作战系统创建了全球定位系统。与容易暴露于敌方的有人船只相比,海底传感器更加经济、快速、隐蔽和安全。SHARC 无人艇可充当海底传感

第2章 智能化主战装备

器与卫星之间的通信网关。

无人潜航器。水螅(Hydroid)公司的 REMUS600 便携式无人潜航器在过去 10 多年时间内已被多国海军使用,其可搭载多种不同类型的传感器,配备有双频侧扫声纳、合成孔径声纳、声学成像系统、摄像机以及全球定位系统装置等。2015 年 4 月,美国海军在"弗吉尼亚"级攻击型核潜艇上首次部署该无人潜航器,7 月,美国海军"北达科他州"号核潜艇成功在水下发射并回收 REMUS600 无人潜航器。在 2016 年的美国海军技术演习中,通用动力公司的"蓝鳍"-21 (Bluefin-21)自主水下无人航行器成功发射了"蓝鳍-金枪鱼"微型自主水下无人潜航器,如图 2-4 所示。美国海军在 2016 年 1 月宣布,已经在华盛顿州普吉特湾的海军水下作战中心基波特分布开展了一系列测试和演示,且 ONR 于春季开始对长航时、大排量无人潜航器 LDUUV 进行 900~1100n mile 的无人自主航行测试。LDUUV 属于美国近期正在研发的一种新型水下无人潜航器,新型水下无人作战平台将"水下""无人""平台"3 个要素紧密结合,将功能聚焦于载荷的部署发射,其创新的作战概念获得了广泛关注,作为一个潜在的导弹发射/运输、作战平台,新型水下无人作战平台将给未来战争带来不可忽视的影响。

图 2-4 "蓝鳍"-21 无人潜航器

"梭鱼"无人潜航器。该潜航器是一款模块化、低成本、半自主的消耗型无人潜航器,大小类似于空中发射的声纳浮标,长 0.9m,直径 12.7cm,装有爆破战斗部,一旦触碰到水雷,就会连水雷一同爆炸。美国海军于 2017 年 2 月发布了该项目公告,近期有可能部署至通用无人水面艇,未来还可能通过直升机或固定翼机载的声纳浮标发射装置来发射。

"刀鱼"无人潜航器。该潜航器用于探测海底埋藏的水雷,2017年3月,其完成综合评价工作,标志着该项目达到重要里程碑节点,在多深度探测和区分潜在水雷威胁的能力得到验证。

大型无人潜航器(Extra Large Unmanned Undersea Vehicle,XLUUV)。该潜航器是一款采用模块化和开放式架构的水下潜航器,可执行反水雷、反潜、反舰和电子战等任务。美国海军于2017年9月分别向洛克希德·马丁公司和波音公司授予XLUUV项目阶段性竞争合同,最终选定一家承包商。2017年6月,波音公司的XLUUV方案——"回波旅行者"号进行了首次海试,检测了通信、自主、推进、系统集成和电池等方面的性能。

2.2.2.2 应用情况

近年来,世界各军事大国在智能化海战装备和技术发展及应用方面均展开了激烈的竞争:以美国为首的国家非常重视水下作战及水下无人自主系统发展,在规划与政策方面提供了鼎力支持;仿生、深海预置等技术被应用于水下无人系统,且潜射无人机等跨域系统层出不穷,如DARPA提出的"九头蛇"(HYDRA)项目、"深海浮沉有效载荷"(UFP)项目和俄罗斯的"赛艇"导弹;将分布式水下无人系统组网,实现集群作战的概念正在逐步成为水下作战的主导思想,典型应用范例是DARPA投资研发的分布式敏捷反潜系统中潜艇风险控制子系统。

2.2.2.3 发展趋势

各作战域无人系统集群度将进一步提升,并通过跨域协同,实现陆、海、空多域一体联合打击。例如,2017年3月,美国陆军开展有人驾驶的M113装甲车和"悍马"车与无人驾驶"悍马"车、四旋无人机、"派克博特"机器人的协同作战演示,无人驾驶"悍马"车在前,负责识别目标和跟踪,M113装甲车携带"派克博特"机器人在后,到达目标区域后释放"派克博特"机器人实施地面侦察。8月,美国海军成功验证利用无人系统水下战指挥控制系统,同时控制1艘大型自主无人潜航器、2艘无人水面艇、1架无人机、1艘预置式无人潜航器等分别承担通信中继、水面态势感知、目标搜索与探测等职责,共同执行水下战攻击探测任务。在战场信息的高效获取、互联共享、精准决策的基础上,实现信息、火力和决策优势的结合,使多种装备如一个整体般协同互补、能力涌现,推动新的战争形态与规则制定,最终提升装备体系作战效能不对称优势。

大规模集群作战是智能化战争的主要作战样式。数量庞大、成本低廉、结构简单的无人作战装备将取代信息化时代的高技术、高成本的武器装备,并主要通过集群和数量优势战胜敌人。一是饱和式突防。以集群优势消耗敌人防御,使敌人防御体系的探测、跟踪和拦截能力迅速饱和,陷入瘫痪。美国海军模拟实验表明,使用 8 架小型无人机组成的集群攻击"宙斯盾"系统,至少 1 架成功突防,如将无人机数量增至 10 架,则有 3 架突防。二是分布式杀伤。大量不同功能的智能化无人作战平台混合编组,形成集侦察探测、电子干扰、网络攻击、火力打击于一体的作战集群,从多个方向对同一目标或目标群实施多波次攻击,快速致其损毁瘫痪。三是覆盖式机动。机械化和信息化战争中通过速度和火力实现机动的方式被大数量广域集群覆盖的机动方式所替代。美国海军设想,未来在 25min 内投放上万只微型无人机,覆盖 4800km² 战场区域担负"蜂群"作战。

2.2.3 空战装备

当前,世界军事形势错综复杂,大国的军事战略一再进行深度调整,新兴领域的争夺也日趋白热化。智能化空战装备凭借着无人员伤亡、使用限制少、隐蔽性好、效费比高等特点在执行军事任务方面一直具有无可比拟的优势。近年来,随着计算机技术、自动驾驶技术、遥控遥测技术、人工智能技术、大数据等技术的发展,以美国为首的西方军事强国大力推进智能化空战装备的研制、改进及列装,围绕"蜂群作战""忠诚僚机"等新型作战概念积极开发相关技术,推进空战装备向智能化方向发展。

2.2.3.1 典型装备

"黄貂鱼"无人机。2017 年 4 月,美国海军首次测试了"黄貂鱼"的任务控制系统,评估了其软件兼容性、数据通信功能和光电传感器。10 月,美国海军发布 MQ-25"黄貂鱼"工程与制造阶段招标书,希望利用"黄貂鱼"来缓解现有 F/A-18E/F"超级大黄蜂"作为加油机所消耗的飞行小时数,基本需求将是能够运送 6804kg 燃油到距离航空母舰 926km 处,首架 MQ-25"黄貂鱼"最早在 2019 年在航空母舰上使用。

"萨吉塔"无人机。2017 年 7 月,空中客车防务与空间公司实现了 1/4 缩比"萨吉塔"(Sagitta)钻石翼无人机首飞,如图 2-5 所示。试验中,该机按预先编制的程序完成了持续 7min 的自主飞行。首飞代表着初始试验阶段结束。该机将计划聚焦自主飞行控制及其他先进技术。

图 2-5 空客公司的"萨吉塔"无人机

忠诚僚机。2017 年 4 月,美国空军实验室成功进行了"海弗-空袭者"Ⅱ 专项演示,这是一项与"忠诚僚机"概念相关的测试。飞行验证活动中,一架试验用的 F-16 战斗机模拟无人作战飞机(Unmanned Combat Air Vehicle,UCAV),在空对地攻击任务中自主对动态威胁环境做出反应。基于 F-16 改造的 QF-16 靶机如图 2-6 所示。整个演示验证活动共持续了两周,成功实现了

3个关键验证目标：根据任务优先级和可用的资源自主进行规划和执行对地攻击任务的能力；空对地攻击任务中，对变化的威胁环境做出动态响应，同时自动处理突发的故障、偏航和通信丢失之类的紧急情况；全面兼容美国空军开放式任务系统（Open Mission Systems，OMS）软件集成环境，对不同供应商开发的软件进行快速集成。这是美国空军为发展自主系统技术进行的第二次有人/无人机编队技术演示，首次演示称为"海弗-空袭者"I，其重点针对的是先进的飞行器控制。

图2-6 基于F-16改造的QF-16靶机

"雷霆"B无人系统。其是由以色列蓝鸟航空系统公司2016年推出的新版无人系统。该无人系统易于战场携带、部署，可以参与多无人集群编队，接收其他多架小型无人系统的信号，"雷霆"B已得到了多个国家的关注，预计其将用于中欧和南欧国家执行难民动向的检测任务。

UAVX系统。黑睿技术公司研制的这款反无人系统利用多普勒雷达、昼用和红外摄像机等多种不同技术来探测、识别和跟踪无人系统目标，并利用人工神经网络技术来对无人系统目标自动分类，降低误警率。UAVX系统采用神经网络智能算法，计算机硬件由4核高级精简指令集计算机架构A15中央处理单元,以及 192 核图形处理单元组成。UAVX 系统连接雷达以及其他传感器,用真实数据对人工智能系统进行训练。一旦有目标进入探测范围,系统可产生数百个雷达反射数据与数据库中无人系统类型进行对比,探测到无人系统后,由红外传感器及日间摄像组成的远程视频跟踪器对无人系统进行精确跟踪。

"小精灵"(Germlins)无人系统。2016 年,美国空军就扩展"小精灵"无人系统项目的范围与 DARPA 签订谅解备忘录,此次签订的备忘录允许美国空军利用"小精灵"无人系统作为测试平台,用于验证类似电影《安德的游戏》中的集群任务场景,并建立一个独立于无人系统地面站的空中网络。"小精灵"除了验证空中回收外,还可能会在舰船或地面实施着陆。"小精灵"项目概念图如图 2-7 所示。2016 年 3 月,DARPA 宣布"小精灵"项目第一阶段合同授予 4 家公司。该项目旨在发展可空中投放、集群突入敌防区,执行高对抗环境下情报、监视、侦察任务的无人平台。其中,空基发射和回收能力是重中之重,而指挥控制和自主是重要支撑技术。在 2016 年 9 月 20 日举办的美国空军协会年度会议上,通用原子公司展示了"小精灵"项目的全尺寸无人机设计方案,并表示想把"小精灵"无人机配装在 MQ-9"死神"无人机上。2017 年 3 月,DARPA"小精灵"无人机项目进入第二阶段,合同授予了 Dynetics 与通用原子航空系统公司。两家公司将完成全尺寸技术演示系统的初始设计,在地面试验验证关键技术,并对"小精灵"无人机的安全系统和发射回收系统开展飞行试验。

"猎户座"无人机。2017 年 2 月,Terraserver 网站刊登出可能含有俄罗斯在研的"猎户座"无人机的一组卫星图片。俄新社曾于 2016 年 5 月初报道称,"猎户座"无人机已经开始进行场外试验。2017 年 3 月,根据媒体消息,俄罗斯正在以色列飞机工业公司"搜索者"2 无人机的基础上开发"前哨"M 新型无人机,该无人机搭载俄罗斯研制的载荷及数据链,联合仪器制造集团将是该无人机的主承包商。7 月,喀琅施塔得技术公司在俄罗斯国际航展上展出无人机飞行样机以及"猎户座"-E 中空长航时无人机系统。

"海盗"中型无人机。2017 年 3 月,俄罗斯媒体披露"千禧年"公司正在开发一种基于神经网络的网络中心结构,可将军用无人机联网成群。多架无人机上安装相应的设备后,可在几百千米范围内直接交换信息,且无须依赖地面控制站进行自主决策,可将收集的数据传送至指挥所、地面装备和航空装备,并对

第 2 章 智能化主战装备

图 2-7 "小精灵"项目概念图

入网的无人机原型机进行测试。该型无人机将成为此项技术的首款验证载机。

人工智能反舰导弹(Anti-Ship Cruise Missile, ASCM)。2016 年 6 月 26 日，DARPA 开发的 ASCM 于 2018 年部署于美国空军战斗机，并于 2019 年开始在美国海军战舰和攻击机装载。该导弹是由远程反舰导弹(Long Range Anti-Ship Missile, LRASM)搭载人工智能技术构成，从敌方大量战舰舰队中自动找到特定的攻击目标。导弹上安装的由人工智能导向的多模式定位器，能够使目标被击中并下沉的概率最大化。LRASM 具有的人工智能技术将使其能够突破敌方舰队面空导弹(Surface to Air Missiles, SAMS)和电子对抗，并对移动战舰进行实时精确打击。LRASM 工作原理示意图如图 2-8 所示。

2.2.3.2 应用情况

智能化空战装备应用随着人工智能相关技术的进步越来越多，如 X-47B 无人机自主航空母舰起降、自主空中加油、"神经元"无人机与有人机编队飞行、多小型旋翼无人机协同完成抛球等，无不体现着空战装备在自主智能，以及人机协同、群体智能等方面的飞速发展。

在空袭、防空等现代战争的核心作战场景中，平台操控、通信组网、识别、判断、武器发射决策等"核心"工作预期未来都可以交由人工智能及自主系统完

图 2-8 LRASM 工作原理示意图

成,全部或部分替代人类。典型的是 2016 年 6 月,美国 Psibernetix 开发的阿尔法人工智能系统,在模拟空战中,在没有损失的情况下,多次击落人类飞行员操控的模拟战机。这项技术有望用于无人机、战斗机编队僚机控制,或称为飞行员助手提高空战快速决策能力。

2.2.3.3 发展趋势

随着人工智能技术的发展,以及人机交互水平的提高和深度的扩展,无人系统将具备更多自主感知、自主分析、自主决策、自主打击等能力,成为智能化武器装备的重要组成部分,在武器装备的占比日益增大,不断改变作战力量的组成结构。具体到陆、海、空各作战域,侦察型、武装型和仿生机器人成为地面无人自主系统装备的发展重点;新型空中无人系统的研制开发速度加快;水面无人自主系统发展重点关注反潜及水面集群作战能力。无人装备的使用量还将进一步增加,美军计划 2030 年前无人平台作战力量比例达到 50%,2035 年前由无人机承担 75%的攻击任务;俄军计划 2030 年前无人作战飞机比例达到 30%。

2016 年,国防部将人机编组作为"第三次抵消战略"中重要的作战能力,未来 5 年将投入 30 亿美元推进人机混编,将复杂系统分解成协同行动的低成本系统,形成全新作战能力。美军在其最新的无人系统路线图中进一步强调了无人装备的协同发展和联合应用；美国陆军计划建设一支由有人/无人系统团队组成的现代化部队；美国空军验证了有人机/无人机编组对目标进行自主打击的能力；美国海军正在大力推进空中、水面和水下无人系统协同能力发展，已验证了水下—水面—空中人机编组跨域协同作战能力，力图打造高效协同的新型海上作战体系。

2.2.4 天基装备

自2006年深度学习取得突破以来，各航天强国纷纷加快智能化天基装备的发展，设立多个相关项目，主要聚焦运载火箭的智能发射/着陆、卫星数据处理、载人飞船航天员交互伴侣以及航天器自主控制等方面。

2.2.4.1 典型装备

"艾普斯龙"是日本M-5固体火箭2006年退役后研制和发射的第一种新型固体运载火箭，能够将1.2t重的卫星送入近地轨道并具有450kg太阳同步轨道卫星发射能力。该型火箭采用人工智能自动检测技术以及高速网络提高发射操作自动化水平，大幅缩短火箭发射准备时间，保证发射操作的安全性。

"猎鹰"-9系列火箭利用人工智能的强化学习技术，不断提高火箭着陆精度和可靠性，出色地完成了自动转向等操作，并大幅减少了地面专家操控的工作量。2018年2月，SpaceX公司"猎鹰重型"运载火箭首次发射获得成功，两枚助推器降落在位于卡纳维拉尔角空军基地的地面回收平台。事实上，SpaceX公司从2010年起，就开始探索应用强化学习技术，实现火箭的垂直回收降落。

宇宙飞船人工智能控制系统由南安普顿大学主导研发，将用到运载航天员的宇宙飞船上，减少人类参与太空探索的需要。目前仍需要控制员在地球全天候监察的通信卫星和太空任务，将来可由自主控制系统自行操作，能大大降低成本，有望成为下一代飞行器。

"凤凰"项目是DARPA于2011年启动，面向高轨航天器在轨维护与服务技术的集成演示验证项目,旨在利用空间机器人及其工具验证利用静止轨道退役卫星上的有用天线与新卫星模块在轨自主装配新卫星。2015 年,"凤凰"项目拆分为新"凤凰"和"同步轨道卫星机器人服务"(Robotic Servicing of Geosynchronous Satellites,RSGS)两个项目,新"凤凰"项目旨在近地轨道开展有关细胞星的飞行试验,为在轨装配模块化航天器提供降低风险的途径;RSGS 项目旨在开展静止轨道机器人卫星服务技术的演示验证。

2.2.4.2 应用情况

当前,智能化天基装备的应用还只是在一些点上,尚未大规模应用,一些限制应用的关键瓶颈问题亟待解决。以人工智能技术在进入空间领域的应用为例,人工智能技术在运载火箭的发射以及智能自主着陆方面已成功应用,未来应用范围将进一步扩大到火箭整个飞行过程,实现安全智能自主控制。火箭可以自行检测其轨迹,并且在必要时自动进行安全操作。通过这种方法可以省去昂贵的跟踪雷达及其相关设施,从而使整个发射场简化如同一个移动遥测站。

2.2.4.3 发展趋势

随着人工智能的快速发展,智能化天基装备的智能化水平由半自主向全自主方向发展。通过采用深度学习、强化学习、类脑计算、模糊控制等方法,智能化天基装备可进行自感知和自学习、进行任务自主规划和调度,具有更强的环境适应能力和任务执行能力。例如,故障诊断与处理正向综合自主健康管理技术方向发展,进一步提升航天器的综合高效自主健康管理能力。在轨机动、在轨维护等操作的自主化水平将进一步提高。随着类脑计算等技术的不断成熟,智能化天基装备的智能化水平将再上新台阶。

2.3 关键技术

智能化主战平台的发展离不开先进的智能化关键技术,本部分就影响和制约智能化主战装备发展的军用物联网技术、人机交互技术、无人装备集群技术、智能数据处理技术等进行了深入分析和跟踪研究。

2.3.1 军用物联网技术

军用物联网是物联网在军事领域的应用,即在网络中通过智能连接实现物理系统和数字信息系统在军事领域的全面深度融合。智能化战争离不开对战场的全维感知。在相控阵雷达、卫星侦察、无人机侦察等手段飞速发展的基础上,智能化战争对战场数据精度、体量提出更高要求,军用物联网是实现智能化主战装备的必要基础。

2.3.1.1 概述

军用物联网按照标准的通信协议和栅格化的网络,把通过各种信息感知手段获取的各种作战要素信息进行智能化处理、应用和控制,具体体现在运用物联网技术获取军事活动中武器装备、人、战场环境等状态信息与特征,通过既定的网络系统实现人与装备、装备与装备、人与战场环境之间的连接和信息交换,同时进行信息分析与处理,实现人对军事活动的智能化决策和控制,真正做到军事领域"任何时刻、任何地点、任意物体之间互联,无所不在的网络和无处不在的计算",以此获取更高程度的信息优势、决策优势和行动优势,促进军事战斗力的提升。

军用物联网虽然以物联网技术为核心构建,但又与通用物联网有很大差别:①涉及对象不同。军用物联网面对的是纷繁复杂、瞬息万变的战场,涉及的物理对象是包括作战单元在内的军事实体。②更加关注时效性。军用物联网以其对战场态势准确实时的感知,使作战指挥中心在第一时间掌握战场信息,了解战争进程,准确把握作战时机。③更加关注可靠性。军用物联网的各类传感器大都处于无人值守的环境,甚至有很大一部分处于敌方战场区域内,因此更加重视对传感器的升级研究,以确保其为作战行动提供稳定可靠的物理支撑。④更加关注安全性。军用物联网作为一个信息密集的庞大系统,一方面能够满足己方方便地获取信息的需求,另一方面敌方也可以通过探明设备的使用情况及所在的位置等信息获取己方机密。因此,必须加强各级安全保密措施,建立纵向和横向的多级安全保密体系和入侵检测系统,确保获取的信息不被敌方窃取。⑤更加关注抗毁性。军用物联网在战时遭受的是敌方不间断的攻击、破坏,损伤因素更为复杂、程度更深,必须最大限度提高抗毁性,确保联合作战过程中装备指挥与保障的顺利进行。

军用物联网具体技术包括:①传感器技术。利用纳米科技和微电子技术实现热、声、光、电等传感器的高度集成和微型化,通过在战场环境和各种武器装备中部署大量先进传感器,实现战场环境侦察、敌我战况感知。②通信网络。将传感器作为感知单元和运算单元,建立全要素、全过程的综合信息网络。③应用支撑技术。利用大数据实现对整个战场的动态感知和分析,提高作战和保障能力。④广谱传感技术与物联网技术。将外太空、临空、空中、陆地、海上、深海构成一体化战场感知体系。

1. 传感器技术现状

传感器技术为感知军事物质世界提供信息来源,并将军事物质世界的物理维度和信息维度融合起来,为超越人类本身对物质产生意识的感官系统开辟新的认知道路,实现军事认知的升华。

(1)低功耗传感器。目前,现行军事传感器依赖有源电子器件探测振动、光、声或其他信号。电子器件持续耗能,并耗费大部分电能与时间处理与所需探测信号不相关的数据。以现行电池供电时,该能耗将传感器有效寿命限制在数周或数月,阻碍了新型传感器技术和能力的发展。更严重的是传统传感器的错误预警将使作战人员暴露于危险之中。

2015 年,DARPA 发布"近零功耗射频和传感器操作"(N – ZERO)项目招标书,计划耗资 3000 万美元,研发一种在被外部触发或刺激唤醒前可保持接近零功耗休眠的传感器。N – ZERO 项目的研究内容集中在两个方面:无人值守传感器,其能够近零功耗地连续检测物理环境;无线电接收器,当发射器不存在时,其能够近零功耗连续地对友好型无线电发射进行警惕。项目示意图如图 2 – 9 所示。在 2016 年 12 月底完成历时 15 个月的 N – ZERO 项目第一阶段后,已能够从 5m 外的乡村和城市背景中区分出汽车、卡车和发电机,功耗几乎为 10nW。目前,该项目顺利进入第二阶段。

2017 年 7 月,加州大学圣地亚哥分校的研究人员开发出了一种温度传感器,其运行功率仅为 113pW,功率比现有技术低 628 倍,比 1W 小约 100 亿倍。

第 2 章 智能化主战装备

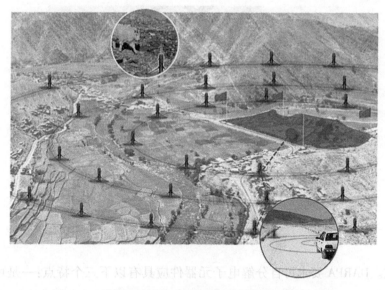

图 2-9 零待机功耗传感器能侦测到车辆接近时的噪声

这种近零功率温度传感器可以延长可监测体温监测、智能家居监控系统、物联网设备和环境监控系统的可穿戴或可植入设备的电池寿命。

2017 年 9 月，美国东北大学的研究人员在近零项目的支持下研制出一个被称为"等离子增强微机械光开关"的红外传感器件，如图 2-10 所示，能够探测热排气管、木头着火，甚至人体的红外波长特征；平时处于沉睡和无人照看状态，但时刻处于警戒状态，并可在长达数年的警戒中不消耗任何电量；一旦监测到感兴趣的信号，会被红外传感器的红外源能量感知元件所捕获，随之引发重要传感器元件的物理移动，使开路电路元件的机械性关闭，实现对红外信号的探测，对士兵、消防员和其他人员形成预警，能够增加态势感知，并减少对没电电池的更换，减少这一潜在危险维护任务的需要。

（2）生物传感器。长期以来，美军希望能够实时掌握士兵的身体状况以及可能影响任务的身体状况信息，以便灵活安排任务行动，提升士兵执行任务时的效率，可植入人体，且不会对人体造成损伤的生物传感器成为重要解决方案。

DARPA 于 2013 年底启动了"可设置消失的资源"（VAPR）项目，正式提出并全面推进可自分解电子元器件的发展。VAPR 项目计划周期 48 个月，总资金投入预计达到 4000 万美元，开展实现所需的材料、器件设计和制造工艺等内容

图 2-10 温度传感器芯片阵列

的研究。DARPA 要求可自分解电子元器件应具有以下三个特点：一是可瞬态分解，器件在接收到触发指令后的数十秒内迅速溶解、腐蚀或升华；二是器件在分解后彻底消失，肉眼不可见；三是与商用现货器件具有相同的性能，并在接收到触发分解指令前保持性能不变。

2016 年 1 月，美国伊利诺斯大学香槟分校和华盛顿大学医学院的研究人员在 DARPA VAPR 项目的支持下，联合开出全新微小超薄电子传感器，如图 2-11 所示，可在头部受伤或做脑部手术后植入头部，监控头骨内压力和温度等表征健康的重要参数，然后在不需要时完全无害地溶解到生物体内的液体中。

2016 年 7 月，DARPA 和陆军研究办公室授予美国 Profusa 公司 750 万美元，支持其组织集成生物传感器技术的进一步研发，实现对作战士兵健康状况的持续监控。DARPA 希望能使用一个能持续以无线方式发送数据的生物传感器，来替代传统测量时间固定的测量仪器，并能对包括氧气、葡萄糖、乳酸、尿素和离子等在内的多种生物标记物进行测量。近期目标包括持续监控士兵的健康状况，改进战场任务执行效率。远期目标是实现实时检测身体内多项生物指标。Profusa 的生物传感器由生物工程学制成的"智能凝胶"组成，可完整集成在身体组织内（该凝胶类似于隐形镜片材料），克服了阻碍生物传感器在身体内长期使用的最大障碍——生物体对外来物质的排异反应，如图 2-12 所示。传感器带有的光扫描器，能够和手机应用进行通信，提供被检测对象的实时数据。

传感器所带有的发光结构可根据生物标记物的浓度等比例地发光,达到检测标定的目的。

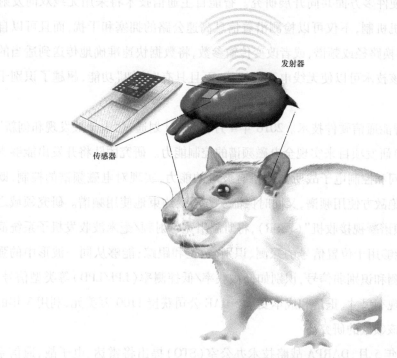

图2-11 生物性溶解传感器原理示意图

图2-12 Profusa的智能凝胶

2017年2月,美国国防威胁降低局(Defense Threat Reduction Agency, DTRA)授予美国克莱姆森大学一项为期3年、金额87万美元的项目研究合同,目标是研发出能够探测核活动的生物传感器,如能区分辐射是天然还是人工、是和平还是武器等级,以此帮助军事调查人员发现正在违规研发大规模杀伤性武器的实验室。

2. 智能无线通信技术现状

面对频谱资源的日益紧张,美国提出将智能自主的理念引入频谱利用,并从软件和硬件多方面共同开展研究。智能自主通信技术将采用无线双向发射机—接收机机制,不仅可以检测沿着信息高速公路的拥塞和干扰,而且可以自主响应,切换路径或频谱,或者改变传输参数,将数据快速准确地传送到适当的目的地。该技术可以使无线电不仅智能,而且具有"认知"功能,超越了识别干扰的作用。

(1) 智能通信硬件技术。2016年4月,ONR计划通过"电子战发现和创新"(EW D&I) 研发项目来实现全电磁频谱的控制能力。研究团队将开发出能够支持军队访问和控制电子战所需的所有波形的能力,实现对电磁频谱的控制,既欺骗和拒绝敌方使用频谱,又同时保证友方不受约束地使用频谱。研究领域之一为"全频谱凝视接收机"(FSSR),将研制出宽带射频/毫米波收发机子系统演示模型,能够用于位置信号的探测、识别、定位和跟踪;能够从同一波形中的强信号中探测和识别弱信号,识别如低截获率/低探测率(LPI/LPD)等类型信号,以及保持现有尺寸、重量和成本要求。BAE公司获授1100万美元,利用3年的时间开展该领域的研究。

2016年5月,DARPA战略技术办公室(STO)提出将雷达、电子战、通信系统需求融为一体,并发布了"协奏曲"(CONCERTO)项目征询书。"协奏曲"项目全称"射频任务操作融合协作单元",旨在"为紧凑型无人机设计和实现新的融合式射频架构,支持对所有战术范围内射频频谱的使用"。CONCERTO项目将研发和测试可微缩融合射频架构,可安装在有效载重14~45kg、可用功率为300~1200W的第三等级无人系统中。该架构将在飞行试验中演示它"一统天下"的特性,包括电子战、雷达和通信功能,以及展示有效性、自适应功能执行。

(2) 智能通信软件技术。据DARPA微系统技术办公室的项目主任Paul Tilghman表示,随着数以十亿计的移动电话、应用、无人机、交通灯、安全系统、环境传感器和其他射频相连的设备汇聚到快速增长的物联网中,有必要将机器学习应用于射频信号这一无形领域,探寻先进机器学习如何帮助辨识和理解射频频谱拥挤环境下的新信号成为DARPA化解频谱紧张的重要解决方案。

2016年3月底,DARPA宣布开始新的挑战赛——"频谱协作挑战"(SC2),

以解决电磁频谱拥挤问题。DARPA希望能够将先进的机器学习能力应用到无线电领域，以及为优化无线频谱使用制定策略，改变目前从本质上就低效的预分配独占特定频段的方式。DARPA将在其称为"斗兽场"的无线电试验平台中对频谱共享战略、战术和算法进行测试评估。"斗兽场"是一间吸波暗室，能够模拟真实的城市环境或是战场环境，达到更加符合现实环境的测试效果。该项目从2017年开始，共分为3个阶段，每个阶段持续1年。

2017年2月，美国国防部海军研究部资助电气与计算机工程副教授Kaushik Chowdhury在无线通信领域中进行智能自主无线通信技术研究。研究团队将开发频谱共享算法，以使无线电辨别、分类和处理在各种频谱上的流量，并决定如何与其他用户共享这些频谱。每个无线电接收装置可以连接到许多其他无线电设备，建立所谓的"分布式网络"。无线电接收装置将能够相互发现并实现自我配置，形成多跳转发路径。该技术可以促进军事行动及下一代消费者网络的通信的发展。

2017年4月，DARPA启动"调制识别之战"项目，目标之一是开发一种可识别信号来源和类型的新的调制识别技术，能够在拥挤光谱波段更好地实现对实时情报数据的发送和接收，以更好实现频谱共享及有效利用；目标之二是开发能推动频谱的利用率的方法，并将该方法带离实验室，检测该技术的真实使用情况。DARPA表示，调制识别是努力实现"无线情景感知"的关键一步，可以从拥挤的电磁波谱段中挤出更多的容量。这种感知可以被用来预测频谱的使用，并最终提高吞吐量，从而使数据以更快的速度通过无线电波传输。

2017年8月，DARPA启动"射频机器学习系统"(RFMLS)项目，目标是实现一个带有能够在更拥挤频谱范围内识别和特征化信号的能力的射频系统，给予新兴自动系统，军事指挥官将依赖其理解无线域范围的更多需要信息。RFLMS项目的技术内容分为特征学习、注意力、自主射频传感器配置和波形合成4部分，这些内容将能够集成到未来RFML系统中。

3. 应用支撑技术现状

为了推进物联网在军事领域的应用，目前国外军方研究的支撑性技术包括可集成多个传感器等器件的系统集成技术、数据通信和处理平台、物联网综合应用系统等。

(1)传感器集成技术。将新研发出的传感器集成到对应或下一代武器装备上,是实现军用物联网和武器系统升级换代的重要举措之一,也是美国国防部及三军的重要工作内容之一。

2016年10月,无人机航空(Drone Aviation)控股公司与美国国防部达成一份价值20万美元的合同,将为美国陆军完成将先进的通信传感器集成到小型战术浮空器平台(Winch Aerostat Small Platform,WASP)这一任务。任务包括:通过整合先进的语音和数据通信有效载荷,扩大WASP战术航空器系统的任务灵活性,包括智能化、监视和侦察(ISR)功能,如语音和数据网络范围扩展以及增强的侦察支持,扩展WASP战术航空器系统在战场上的作用。WASP战术航空器系统如图2-13所示。

图2-13 WASP战术航空器系统

2016年11月,位于赖特-帕特森空军基地的美国空军寿命周期管理中心宣布授予美国 Physical Optics 公司一份2450万美元的合同用于开发手抛式/空投式微型气象传感器。美国空军研究人员希望研发可在世界任何地点隐蔽监测天气情况的微型传感器,以更好地执行特种任务和其他保密的军事任务。美国 Physical Optics 公司研发两个微型气象传感器和两个升级版微型气象传感器。该传感器由22个微小传感器集成组成,包括由微探测和测距系统、多成像系统、GPS、影像传感器和其他测量温度、压力、湿度、风速、可见度、降水类型、雷电活动等的传感器,可系统收集当地气象数据并通过铱星卫星网络传输,最终实现对飞机的指挥和控制。该传感器可计算压力、高度、空气密度等参数,可360°记录周边地区的相机图像,质量不超过3.18盎司(90.153g)。该传感器的精度堪比当前的大型作战系统,但其体积却足够小到可以手持操作或将其集成在小型无人飞机上,如图2-14所示。该工作计划在2021年11月前完成。

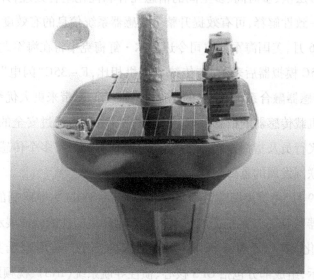

图2-14 美国 Physical Optics 公司研发的微型气象传感器

2017年3月,美国国防承包商诺斯罗普·格鲁曼公司宣布,该公司已在美国航程最远的RQ-4"全球鹰"无人机上对MS-177多光谱传感器进行测试并首航成功,标志着传感器的高空应用能力得以拓展,证明了无人机在ISR任务上的能力可以扩展到更广的范围。MS-177多光谱传感器是一款能够在可见光到红外宽波段区域工作的多光谱传感器,由美国联合技术公司研制。美国联合技术公司称,在美军现有的机载 ISR 系统库存中,该传感器能够提供最远距离的作战识别成像能力,并且可在高空中连续工作30h。

2017 年 8 月,欧洲航天局(ESA)已评估证明英国 Teledyne e2v 公司的图像传感器将在卫星任务中发挥重要作用。Teledyne e2v 公司已被 OHB 系统公司授予数百万欧元合同,来为荧光探测(FLEX)卫星任务提供定制化电荷耦合器件(CCD)图像传感器,该项目隶属 ESA,并由 ESA 提供资金支持。Teledyne e2v CCD 是定制帧转移设计,满足 ESA 资金支持的 FLORIS 仪器的特殊要求。它们的特征是大矩形像素、高量子能效性能、低噪声和以高速转移速度运转的能力。CCD 的定制封装设计要紧凑以及有适当的温度性能,来满足热机械要求。还有两个灵活的电线,用于电互联和在 FLORIS 焦平面阵列中传感器的精确对准。

(2)数据集成应用技术。将处于不同位置的多个或多种传感器的数据信息综合后进行多层次、多时间、多空间的信息互补和优化组合处理,并最终产生对被观测量的一致性解释,可有效提升整个传感器系统信息的有效度。

2015 年 6 月,美国海军航空司令迈克尔·舒梅克中将在海军北岛航空站检验一台 F-35C 模拟器后表示,与传统攻击机相比,F-35C"闪电"Ⅱ联合攻击机依托"全传感器融合系统"带来的先进能力将为海军带来更大优势,可使飞行员利用所有机载传感器的信息生成一体化作战图,并将通过安全的数据链与互联网中其他飞行员及指挥控制操作中心实现自动共享,将多个传感器集成应用也是军用物联网发展的重要领域。

2016 年 9 月,由英国国防科学与技术实验室(Dstl)主导研制的"单兵近距离作战传感器"(DCCS)系统完成一系列在特定环境的性能验证展示。该 DCCS 是一个模块化、多个开源系统,遵循英国国防部的"通用型士兵架构",如图 2-15 所示,组成部分包括 GPS 核心、惯性导航系统(INS)、视频跟踪传感器、激光器、双天线 GPS、新的热成像仪、用于定位的短波红外波段、集成磁传感器。DCCS 关键技术是基于视觉的导航,及其与惯性导航单元的强耦合(传感器融合),该集成视觉导航系统同时集成到高质量 GPS 上。DCCS 核心优势挖掘和利用导航传感器的能力,并研发出配套基于图像的导航算法。该算法能够在使用最小计算量和功耗需求的情况下实时工作,能够确定何时 GPS 可信/不可信,选择最合适的时间在导航系统中平滑地转换。然后将这些组成部分封装为系统的系统,该系统不仅考量传感器的输出值,还同时仔细监控每个传感器的噪声和错误,并将经融合后输出;可在任何给定的点上基于自身所处环境来选择使用哪一个子系统来报告位置,并保证结果的可信度最高。

图 2-15　DCCS 系统示意图

2016 年 10 月,BAE 公司在 DARPA"利用计算应对监视"(CLASS)项目和"认识无线电低功耗信号分析传感器芯片"(CLASIC)项目的支持下,开发出可同时接收和分辨超过 10 种信号的手持认知电子战用传感器,可快速检测和识别多重干扰信号,并显著减少体积、重量和尺寸,便于士兵携带和使用,以更好地获取射频信号和提升态势感知能力。出于保密原因,BAE 公司未披露芯片架构、性能指标等更多细节。图 2-16 为研究成果示意图。

(3)军用物联网安全平台。2017 年 4 月,物联网方案提供商 Mocana 和软件开发商 DDC-I 合作为军用级航空电子设备打造物联网安全平台,如图 2-17 所示。此军用级航空电子设备物联网安全平台将整合 Mocana 的物联网(Internet of Things,IoT)安全平台和 DDC-I 的实时操作系统(Real Time Operating System,RTOS)"Deos"。其中,Mocana 的物联网安全平台包含了从设备到云平台的全套服务,能够为物联网端点保障关键任务的安全性,它提供设备的认证和加密,支持 OpenSSL 兼容,支持 C/C++、Java,并支持多种网络环境,包括 IP-

图 2-16　BAE 手持认知电子战用传感器研究成果示意图

sec、SSL、IP 组播等;Deos 是一种已被开发并投入使用的分区实时操作系统,主要负责航空电子软件的关键性安全,它是多核启用的,能够提供确定性的实时响应和现场验证。

图 2-17　军用级航空电子设备打造物联网安全平台

2.3.1.2　在武器装备中的应用

军用物联网最大的优势在于使信息全面介入到人和武器装备之间,并不以人的意志为转移地在战斗力与保障力的形成过程中发挥至关重要的作用。军用物联网扩大了未来作战的时域、空域和频域,对国防建设各个领域产生了重大影响，继而引发军事技术革命和作战方式、体制编制等深刻变革。随着物联网技术的运用，未来信息化战场建设将发生质的飞跃。

1. 巨大作用

物联网极大地提高军事资源的利用率，增强军事活动的效果，并可广泛应用于指挥控制、情报侦察、环境监测、军事物流、装备保障等各类具体领域，为提升基于信息系统的体系作战能力提供有效的技术支撑。对于主战装备而言，物联网可以有效实现战场感知精确化和战场决策高效化。

战场感知精确化。军用物联网的最大优势为可以在更高层次上实现全场感知的精确化、系统化和智能化，成为武器装备的生命线。它可以把过去在战场上需要几小时乃至更长时间才能完成处理、传送和利用的目标信息，压缩到几分钟、几秒钟，甚至同步。同时，其感知能力不会因某一节点的损坏而导致整个监测系统的崩溃，各汇聚节点将数据送到指挥部，再融合来自战场的数据，从而形成完备的战场态势图，最后为各级指战人员提供全方位、多层次的战场情报保障。

战场决策高效化。军用物联网可以推动和实现战场上彼此独立的侦察网、通信网、指挥控制系统的综合集成，从而更好地将情报、侦察、监视、预警、通信、指挥、对抗等各种武器装备及平台连接成一体的网络系统，借助于智能传感器和军用物联网技术，指挥官可随时获取所需的战场情报，精确感知战场态势，并可通过互联的传感和网络，将指挥官的指挥触角、指挥意图、指挥命令延伸或直接传递给一线的作战士兵，使军事指挥更加灵活和高效。

2. 麦克斯韦空军基地传感网

2017年4月，经过长达1年的初步试点后，美国空军正与美国电信运营商AT&T联合在阿拉斯加州蒙哥马利的麦克斯韦空军基地建立了一个外围传感器网络。此传感器网络使用了一种新兴的无线网络，能够使用红外传感器和手机技术来检测军事基地周边的入侵。

传感网使用了私有云技术、消息系统和警报系统。传感网将使用面部识别系统和多协议标签交换（MLPS）技术。MLPS技术是一种用于将数据从一个网络节点引导到下一个网络节点的高性能电信网络的数据承载技术，它基于短路标签而不是长网络地址进行工作，能够避免路由表中的复杂查找。传感网采用嵌入式 SIM 卡芯片技术,通过 LTE 网络发送信号。

基地的军事装置部署了大型传感器,传感网中的电子监控系统在周边遭到破坏时会自动触发视频监控,传感网中的警报系统可以向负责基地安全的空军人员发送短信或电子邮件。集成系统通过利用嵌入式 SIM 芯片、红外传感器技术和无线手机技术的单一端口来连接各类技术,并通过发送和接收红外信号的小型 5 英尺(1.5~4m)塔和定制的 LTE 网络发送信号。美国空军希望通过这项传感网的建设,在减少基地巡逻人数的同时仍然保持较高的安全保障,让空军更有效地为其他更重要的任务分配时间。麦克斯韦空军基地官员称这项技术为"智慧基地"。

3. 水下传感器网络

随着海洋在 21 世纪中发展与安全战略地位的不断凸显,水下传感器网络为水下装备和力量存在提供了新的方案选择。水下传感器网络是在水下声/光/电传感和网络技术基础上发展起来的分布在水下一定空间范围的信息网络,可对战区内的水下环境和威胁目标进行有效侦察、预警、探测和识别,为水下预警和作战提供实时的水下战场态势图。

目前,美国等主要国家已经部署了若干深海和浅海水下传感器网络。其中,典型水下传感器网络有美国的海网(Seaweb)、自主式分布传感器系统(DADS)、近海水下持续监视网络(PLUSNet)、日本的 DONET 以及加拿大的海底观测网(NAPTUNE)。以美国海军 PLUSNet 系统为例,它是一套半自主控制的大型近海水下探测和通信网络,如图 2-18 所示,由海底固定传感器阵列节点、携带传感器和通信网关的移动节点以及潜艇/岸站主控节点组成。固定传感器阵列节点由水声和电场传感阵列组成。移动节点平台采用自主无人潜航器(AUV)及滑行式自主无人潜航器。PLUSNeT 可探测水下可疑目标,收集水温、水流、水质及其他环境数据,具有节点间数据传输和共享功能。

2.3.2 人机交互技术

机器人技术的迅猛发展推动了传统人机交互手段的演变,并将其作为人与计算机智能高效沟通的重要手段。机器人技术中的感知和反馈环节均要求通过高效人机交互手段实现人与计算机的"同步"。生物识别、机器视觉等先进人机交互技术已与人脑仿生计算技术、深度学习技术共同成为人工智能技术的重要支撑和组成部分。

图2-18 美军水下传感器网络(PLUSNet)及作战构想

2.3.2.1 概述

人机交互技术是指通过计算机输入、输出设备,以有效的方式实现人与计算机对话的技术。人机交互技术包括机器通过输出或显示设备给人提供大量有关信息及提示请示等,人通过输入设备给机器输入有关信息,回答问题及提示请示等。智能化战争中,人与装备的联系将更为紧密。人机交互技术能够确保人机间的高效协同互补,从而更好地发挥人作为决定性制胜因素的主动性。人机交互技术在智能化战争中的应用可以概括为3个方面:一是交互设备多样化。从传统按钮、键盘、鼠标演变为虚拟现实头盔、体感摄像头,甚至感应脑电波的脑机接口,通过读取人的研究、动作和脑电波信号实现对武器装备的操控。二是交互方式自然化。从生硬的输入命令演变为对语音感知、手势感知、提升操作体验、提高武器操控效率。三是交互过程智能化。通过应用人工智能技术,计算机由被动接受信息演变为主动理解信息,通过分析人的语音、动作、表情,感知其情绪、态度、身体状态,进而提供决策辅助或行动建议。

2.3.2.2 技术现状

通过机器智能辅助人类智能,实现人机高效协同,是未来智能化武器装备的重要发展方向。美国国防部明确将人机协同、有人－无人作战编组作为"第三次抵消战略"的关键支撑技术。此外,美国各军种也正采取相应措施,积极推进人机协同作战。2016年,国防部将人机编组作为"第三次抵消战略"中重要的作战能力,未来5年将投入30亿美元推进人机混编,将复杂系统分解成协同行动的低成本系统,形成全新作战能力。

在对人脑的研究上,2017年7月DARPA已向5家研究机构和1家公司授出合同,开展与"神经工程系统设计"(NESD)项目相关的基础研究和组件研发,以实现在大脑和计算机之间建立超过100万个神经元级别的双向通信系统。研究内容包括开发高分辨率神经接口及相关工作系统,用于感觉恢复治疗;开发植入技术,作为放电神经元电位语言和计算机处理器数字编码之间的翻译机;通过向大脑某目标皮层植入约10万个微传感器,研究解码大脑处理语言的机制;研究将视觉皮层神经元与高分辨率人工视网膜连接等。11月,DARPA资助的"恢复活跃记忆"(RAM)项目完成人类第一张脑电波连接全图的绘制。RAM项目的目标是开发一个完全可植入的设备,可以通过电刺激大脑改善记忆功能。脑电波连接全图的绘制,标志着脑科学研究再次取得重要进展。该研究阐明了大脑不同区域在记忆形成等认知过程中的交流方式,有助于更好地理解记忆处理过程中被激活的大脑网络。

在脑控研究上,2017年3月,麻省理工学院计算机科学与人工智能实验室开发新型人脑—机器人协同技术。人类看到机器人出现错误行为时,大脑会产生"错误相关电位"信号,研究团队利用这个信号对机器人进行控制和校正,通过人的意念控制机器人完成特定动作,而不需要键入或口述命令。研究人员认为未来该模型的精准度能够提高到90%以上,并可扩展应用到更复杂的任务中。

2.3.2.3 意义

目前对人脑和脑控还处于研究阶段,随着研究的不断深入,人与机器将深度融合,催生了人们对未来战争模式的思考,即实现由单兵直接作战发展到单兵通过脑机接口将思维传递给远在战场前沿的作战机器人,实现人脑远程控制机器人作战的模式,从而打造基于脑联网的颠覆性未来作战平台系统。此外,脑科学研究领域的进步将会提高武器装备性能,包括用于直接控制硬件和软件系统的脑接界面。人们可以利用这种方法控制几乎所有的武器系统,预计将出现与大脑直接相关的新武器装备,可让操作者"随心所欲"地操控武器装备,也可提高人对战场环境的感知能力。

2.3.3 无人装备集群技术

无人机集群技术研究目标就是模拟群聚生物的协作行为与信息交互方式,作为一个自主化和智能化的整体协同完成任务。因此,无人机集群作战系统又被形象地称为"蜂群"无人机。

2.3.3.1 概述

无人机集群作战系统是由大量无人机基于开放式体系架构进行综合集成,以通信网络信息为中心,以系统的群智涌现能力为核心,以平台间的协同交互能力为基础,以单平台的节点作战能力为支撑,构建具有抗毁性、低成本、功能分布化等优势和智能特征的作战体系。无人集群作战系统可填补战术与战略之间的空白,以多元化投送方式快速投送到目标区域遂行多样化军事任务,包括与其他武器平台协同攻击海上、空中、地面目标及情报侦察监视(ISR)等,实现对热点地区的常规战略威慑、战役对抗、战术行动。

2.3.3.2 研究项目

通过单体之间的紧密协作,体现智能无人机集群体性能的优越性,世界各国均致力开展智能无人机集群的研究,已经成为无人机领域的一个重要发展方向。2016年5月，美国空军正式提出《2016—2036年小型无人机系统飞行规划》，希望构建横跨航空、太空、网络空间三大作战疆域的小型无人机系统，并在2036年实现无人机系统集群作战。该规划明确了美国空军小型无人机系统近期、中期和远期主要发展目标，特别提出了"蜂群""编组""忠诚僚机"和"诱饵"四种作战概念，以及将其用于压制/摧毁敌防空、打击协调与侦察、反无人机、超视距运用、传感器空投、气象探测等10项任务。目前，美国国防部通过DARPA和ONR积极设立了8个研究项目。

"小精灵"（Gremlins）项目。2015年8月，DARPA在前期工作基础上宣布启动"小精灵"项目。该项目的目标是研究一型低成本无人机，搭载ISR等传感器模块和非动能有效载荷，并可以快速部署廉价、可重复使用的无人机集群。项目示意图如图2-19所示。

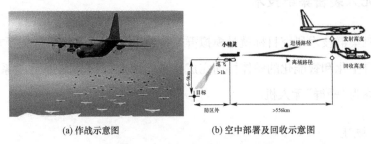

(a) 作战示意图　　　　　　(b) 空中部署及回收示意图

图2-19　"小精灵"项目示意图

"低成本无人机集群技术"（Low-Cost UAV Swarming Technology，LOCUST）项目。为实现无人机快速发射并进行集群作战，以达成对敌方的压倒性优势，ONR开展名为LOCUST的项目研究。项目旨在释放大量小型无人机，通过自适应组网及自治协调，对某个区域进行全面侦察并对诸如指控系统等的关键节点及目标进行攻击破坏。2016年4月，ONR与佐治亚理工大学曾联合进行连续发射30架小型无人机的试验。图2-20左侧和右侧上部为一架无人机被弹出发射管，右侧下部为发射装置正在发射无人机。2016年7月10日，在LOCUST项目的资助下，雷声公司利用"郊狼"无人机，在墨西哥湾开展舰基无人机蜂群试验，图2-21为"郊狼"无人机。

图 2-20 无人机发射和飞行试验

图 2-21 "郊狼"无人机发射和飞行试验

"山鹑"(Perdix)项目。美国国防部战略能力办公室(Strategic Capabilitles Office,SCO)主导了"山鹑"(Perdix)微型无人机高速发射演示项目。2014 年 9

月,SCO 首次利用 F-16 战机开展"山鹑"无人机空中发射试验。2017 年 1 月,美国军方公布了其近期开展的一次微型无人机蜂群演示,如图 2-22 所示。演示中,美国海军 3 架 F/A-18F"超级大黄蜂"战斗机以马赫数 0.6 投放了 103 架 Perdix 无人机,这群小型无人机演示了先进的群体行为,如集体决策、自修正和自适应编队飞行。

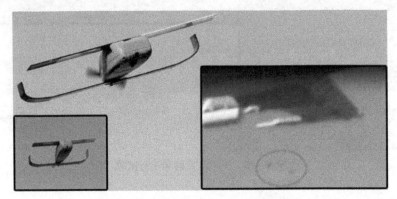

图 2-22 "山鹑"无人机空中发射试验

"近战隐蔽自主无人一次性飞机"(Close-in Covert Autonomous Disposable Aircraft,CICADA)项目。该项目旨在通过空中布撒由 3D 打印、PCB 印制电路板等制成的无动力自主滑翔无人机集群,在空中沿途收集电磁、气象等环境信息,从而实现按需对目标区域上空空域的精细化环境感知。CICADA 项目示意图如图 2-23 所示。

"进攻性蜂群使能战术"(OFFensive Swarm-Enabled Tactics,OFFSET)项目。2017 年 1 月,DARPA 发布了 OFFSET 项目的招标书。OFFSET 项目主要工作将聚焦于开放式软件与系统架构、博弈软件设计与基于博弈的社群开发、沉浸式交互技术,以及用于分布式机器人的机器人系统集成与算法开发,以开发并测试专为城市作战蜂群无人系统设计的蜂群战术。此外,DARPA 研究人员希望这种蜂群系统还能引出新的蜂群无人系统使能技术,如分布式感知、可靠与弹性通信、分布式计算与分析,以及适应性集体行动等。

"体系集成技术和试验"(System of System Integration Technology and Experimentation,SoSITE)项目。2014 年 5 月,DARPA 发布 SoSITE 项目指南,寻求开发并实现用于新技术快速集成的系统架构概念,无须对现有能力、系统或体系进

图 2-23 CICADA 项目示意图

行大规模重新设计。其目标是探索一种更新、更灵活的方式,将单个武器系统的能力分散到多个有人/无人/武器平台上。SoSITE 项目示意图如图 2-24 所示。

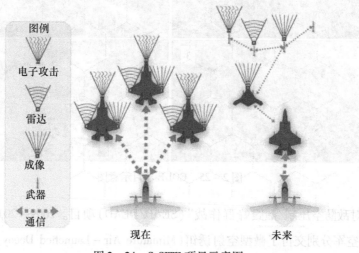

图 2-24 SoSITE 项目示意图

"拒止环境中协同作战"(Collaborative Operations in Denied Environment, CODE)项目。2014 年,DARPA 提出 CODE 项目。项目目标是发展一套包含协同算法的软件系统,可以适应带宽限制和通信干扰,减少任务指挥官的认知负担,通过自主能力、编队协同、人机接口和开放式架构支撑拒止环境下协同作战。CODE 项目示意图如图 2-25 所示。

图 2-25 CODE 项目示意图

"对敌防空压制/摧毁蜂群作战"(SEAD/DEAD)项目。2009—2012 年,雷声公司向空军分别交付了微型空射诱饵(Miniature Air-Launched Decoy, MALD)和微型空射诱饵—干扰型(Miniature Air Launched DecoyJammer, MALD-J),并于

2013年完成高速反辐射导弹(High-Speed Anti-Radiation Missile,HARM)升级版的交付。美国空军和雷声公司基于这两种飞行器以及更早研制的模块化设计的联合防区外武器(Joint Standoff Weapon,JSOW),开发了SEAD/DEAD的空射集群作战样式,如图2-26所示。

图2-26 SEAD/DEAD项目示意图

2.3.3.3 在武器装备中的应用

近年来不少国家在陆、海、空战场领域都展开了无人系统集群作战的研究。

在陆地战场,以地面无人系统为主体的集群作战已经走上战场并初露锋芒。2017年1月19日,俄军在叙利亚首次使用战斗机器人参加作战行动。俄军是在支持叙利亚军队攻占位于拉塔基亚郊区名为754.5高地的战斗中使用了两种型号共10部战斗机器人,分别是6部名为"平台"-M的多用途战斗机器人和4部名为"阿尔戈"的火力支援战斗机器人。战斗中,10部战斗机器人与3架无人机、"仙女座"-D自动化指挥系统联为一体,掩护叙利亚政府军攻入高地。整个战斗持续20min,以打死敌方70名武装分子、叙利亚政府军仅有4人受伤的"战绩"成功占领高地,充分展现了无人系统集群作战的威力。这是第一个公开报道的地面无人系统集群作战战例。

在海上战场,主要展开的是以无人艇和无人潜航器为主体的集群作战研究。2016年10月5日,美国海军研究办公室宣布,海军在无人系统集群作战方面已经取得突破性进展,所研发的无人系统集群作战技术将利用多艘无人艇的协同合作,保护己方舰艇、巡逻港,并对抗敌方威胁。美国海军此前已经进行了由13艘无人艇展开的集群作战试验,下一步还将拓展到20艘或30艘的规模进行试验部署。这个项目主要用于为高价值水面舰艇保驾护航,可部署到整个海军舰队。同时,美国海军正在寻求建立一支由无人潜航器构成的水下无人舰队实施反水雷和水下攻击作战。

在空中战场,美、俄空军都已展开无人系统集群作战的相关研究。2016年10月28日,美国"国家利益"网站一篇《美国空军希望打造"蜂群"杀手》的文章,提出要以F-35和F-22等战机控制无人机队,实现"忠诚僚机"的作战概念。而在之前的2016年7月13日,俄罗斯塔斯社也报道,俄罗斯下一代战斗机方案将于2025年公布,战机飞行速度可达马赫数4~5,并且能够指挥控制5~10架装备高频电磁炮的无人机集群作战。

2.3.4 智能数据处理技术

数据处理算法是人工智能技术的核心,掌握更强算法的一方能够快速准确预测战场态势,创造出最优战法,实现"未战而先胜"。算法更强的一方不但能够提供灵活多样的作战方案,而且具备自适应能力,针对敌人调整变化快速提出应对之策,不断打断敌人既定企图和部署。人工智能技术的深度运用将实现由经验决策向智能决策转变。

2.3.4.1 概述

美军各级指挥机构及作战部队在军事行动前可同时得到5个渠道的战场数据支持,即国家情报系统提供的战略及战术情报数据,远程侦察监视系统自动报告的数据,作战部队蓝军跟踪系统自动报告的数据,相关数据库自动报告的数据,全球资源系统、训练系统及其他资源产生的数据等。不仅如此,美军还大量采用商用数据,使用"数字地球"和"地球眼"提供的卫星图像,利用谷歌地球和影视业提供的数字图像产品。因此,美军各级指挥控制机构所获得的数据已不能以通常的GB和TB为单位来衡量,而是要以PB(1024个T)或EB(1024个P)来计算。由于视频所蕴含的巨大信息量,以及没有基于内容的视频搜索技术,美国情报人员只能通过"观看"的方式来提取重要信息。但即使增加人手,现阶段每天产生的数据量也已超出美现有情报人员的所能承受的极限,导致视频数据的处理效率极低,难度远大于对文字、图像和声音的处理难度。

利用人工智能对各类数据进行自动化整理分析,并提供应对方案,大幅提高决策的快捷性、科学性和准确性。主要体现在两个方面:一是信息处理。美军利用大数据技术对多种来源渠道的海量情报信息进行自动化分析处理,提高情报分析效率。对"伊斯兰国"恐怖组织每天在"脸书"上发布的约9万条消息进行深度挖掘分析,从中得出各类线索性情报。俄国发防务指挥中心在研情报分析系统,能够自动分类整理信息,预测重大事件和热点问题的发展趋势。日本在研智能信息处理系统,可分级提供服务,初级提供动向信息,中级提供趋势预测,高级提供应对方案。二是辅助决策。美军F-35战斗机加装的智能化处理系统,可自动分析战场数据,并以最易于飞行员了解的方式将分析结果显示在头盔显示器上,帮助飞行员更好做出决定。俄军新型战略轰炸机"玻璃座舱"飞行员智能支持系统,在遭遇危险或突发情况时,可自动报警,并提供最佳解决方案。日本在研辅助决策系统,在应对外敌攻击时,通过将各类传感器获得的战场情报进行融合处理,对目标进行甄别,提取相关信息,自动生成相关作战选项,供指挥人员适时做出正确判断。

目前,随着无人机等视频监控平台在恐怖分子追捕、地形勘探、危险预警等行动中发挥越来越重要的作用,无人机数量未来将显著增加,会带来监控视频数量呈几何级数增加,对视频处理需求进一步迫切。例如,特朗普上任不久,就将打击"伊斯兰国"列为优先对外政策。目前,无人机传回的视频中,大约95%与在伊拉克和叙利亚打击"伊斯兰国"极端组织有关。因此,如何充分利用这些视频信息,有效发挥战场情报支持作用,受到美国政府和军队的高度关注。2017年3月,美军希望能够使用计算机视觉和机器学习技术,分析数千小时的"伊斯兰国"恐怖组织监控录像,使分析师只检查无人机拍摄视频中的重要内容,而无须观看所有画面,从而更好地承担起分析职责。

2.3.4.2 研究项目

海量视频检索技术是指可对军用视频监控平台所拍摄视频中特定事件或活动实现基于内容的搜索技术,包括实时视频和已存档视频两部分。特定事件是指孤立的行为过程,具有活动范围小、目的明确、易于鉴别等特点。美军研的特定事件包括:个人行为,如挖掘、徘徊、射击、握手、打破窗户等;群体行为,如进入大楼、会面、一致前行等;人车行为,如开车、上车、下车、车下爬行等;车辆行为,如加速、列队行驶等。特定活动,指一系列看似不相关但实为互相联系、共同作用事件的集合,具有历时长、涉及区域广、不易鉴别、不同活动、不同定义等特点。

1. 研究要求

目前文字搜索技术已十分成熟,而面部和物体识别算法的发展使得对带有物体和人像的图片也可进行文字搜索,但视频搜索仍依靠元数据(metadata)查询、人工注释和"快进"检查等方式,尚未有基于内容的搜索技术。为此,美军启动了对海量视频检索技术的研究。

美军对海量视频检索技术要具备的功能提出明确要求:首先,将视频数据与范例片段进行分析和比对,找到目标片段后截取并加入文字描述、索引并存档;其次,支持视频的文字查询,并在交互查询中不断优化查询结果;同时,监控实时视频并及时发出预警。海量视频检索技术有助于提高情报人员的情报搜集和分析效率,减少工作量,降低或避免人为因素造成的情报遗漏和错误。军用视频搜索技术自动存档和查询功能示意如图 2 – 27 所示,军用视频搜索技术实时预警功能示意图如图 2 – 28 所示。

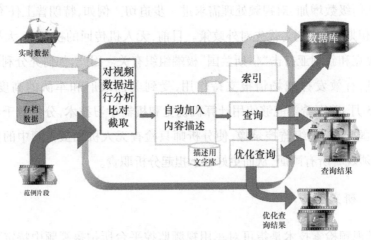

图 2 – 27　军用视频搜索技术自动存档和查询功能示意图

图2-28 军用视频搜索技术实时预警功能示意图

2. 研究项目

DARPA自2008年起开展了"视频信号和图像搜索分析工具"(VIRAT)和"持续监视开发和分析系统"(PerSEAS)项目。美国空军也积极采取措施,并与DARPA合作将研究成果迅速集成到DCGS和其他情报分析系统中。

VIRAT项目于2008年启动,计划于2012年底结束,总投资5571万美元,旨在针对"捕食者"无人机和浮空器等军用平台视频数据开发视频检索软件和系统。项目分为3个阶段,各阶段的主要内容如表3-1所列。

表3-1 VIRAT项目基本情况

时间	主要内容	承研单位	金额/万美元
阶段一 (2008.09 开始)	针对性算法研究和系统初步设计	Kitware公司领导的研究团队	670
	基于内容的快速存档视频搜索工具开发	BAE系统公司	716
	视频和图像修正及分析工具系统开发	洛克希德·马丁公司	550
阶段二 (2010.08 开始)	优化和扩展算法性能、可识别事件和活动类型、初步实现系统集成	Kitware公司领导的研究团队	1100
阶段三 (2011.05 开始)	优化功能,提高速度,验证VIRAT系统的广泛适用性,实现向军用系统中的集成	洛克希德·马丁公司等	不详

PerSEAS 项目于 2009 年 9 月启动,2011 年底结束,总投资 1650 万美元,旨在针对"永恒之鹰""天使火"(Angel Fire)"戈耳戈凝视"(Gorgon Stare)和自主实时地面监视成像系统(Autonomous Real-Time Ground Ubiquitous Surveillance Imaging System, ARGUS-IS)等军用持久监视平台拍摄到的长时间、大区域视频数据,根据广域运动视频图像和多源情报中数据的概率积累和多种不同活动或事件间的相关性,开发出自动通过交互方式识别潜在威胁的视频搜索分析系统。2010 年 9 月,DARPA 授予 Kitware 公司领导的研究团队价值 1380 万美元、为期两年的合同,用于广域运动视频图像的实时威胁检测和判断分析。研究团队包括诺斯罗普·格鲁曼公司、霍尼韦尔公司以及加州大学伯克利分校、马里兰大学、佐治亚理工大学和哥伦比亚大学等。

DARPA 研究视频检索技术的同时,美国空军也积极寻求解决方案。2010 年,空军增加 2500 名情报分析人员并新增价值 5 万美元的装备;向工业界寻求如何快速分享视频剪辑及提取情报信息的方法,对部分商用技术进行了测试和论证,如球赛转播中常用的标记技术等;与科学应用国际公司签订潜在价值超过 4900 万美元、历时 5 年的合约,后者将为空军 DCGS 提供用于处理、查看和分析无人机视频数据的系统。2011 年,空军授予 BAE 系统电子公司价值 1100 美元的合同,用于研究检测广域运动图像的机载处理和传感器视频处理系统。该系统主要针对超过 2 万人的步兵团或战争车辆,将包含新一代广域运动图像跟踪、分析、与地面通信以及视频的存储、截取、发布和处理控制技术等。

3. 重要技术成果

美军海量视频检索技术以现有运动、识别算法为基础,不开发新的算法,强调技术应用,重点实现对特定事件或活动的检索技术和系统的开发,以及向美军视频监控系统中的集成等。

目前,美军已完成针对中小区域内特定孤立事件的 VIRAT 视频检索系统。无论是对实时视频的监控或是对存档视频的分析,该系统对目标事件或活动的识别率已达 95%,1h 内识别错误的主体数少于 2 个。空军电子系统中心(Electronic Systems Center, ESC)对该系统应用于 DCGS 中的效果进行了初步评估,并对评估结果表示满意。2012 年,VIRAT 系统增加了地理位置信息注册功能,进一步加强数据吞吐能力,与情报分析专家就情报捕获和分析能力进行对比,接受 ESC 对在空军 DCGS 中使用效果的第二阶段评估。下一步,VIRAT 系统将集成到无人机、卫星和其他侦查、检测平台的全动态视频分析系统中。

PerSEAS 项目的重点和难点是确定广域视频中多地点、多事件间的联系并保持追踪,特别是杂乱度高、清晰度低、关系不明显的事件或活动,因此 PerSEAS 项目必须建立敏感、全面和准确的推断模型;同时,该推断模型还必须足够强健,避免因时间、地点、区域的不同或事物自身周期变化而产生的误判。2010 年,该项目改进了使用类型分析和基于内容的常规检测、跟踪算法,验证了基于常态估计的网络探索方法。2011 年,该项目研究出大范围运动图像分析和评估技术;研发了验证原型,优化常态模型和非常态检测的建模技术,优化了识别事件和活动复杂链的推演算法。因为美军认为该项目较敏感,DARPA 并未就研究指标和详细进展做过公开报道,仅在 2011 年 6 月表示 PerSEAS 项目正在为实用化做进一步研发。PerSEAS 系统开发完毕后将用于空军 DCGS 或美国国家地理空间情报局(National Geospatial – Intelligence Agency,NGA)分析中心等系统。

2.3.4.3 最新进展

美国国防科学委员会于 2016 年 8 月向国防部建议,应设立专门的"机载自主传感系统"项目,以解决无人机全动态高分辨率视频数据的搜集和处理需求。2017 年 5 月,美军公布了国防部副部长沃克于 4 月 26 日签发的关于成立"算法战跨职能小组"(AWCFT)的备忘录,表示美军将通过设立该机构,推动国防部加速运用人工智能、大数据及机器学习等关键技术,并授权从当日起启动并统一领导美军"算法战"相关概念及技术应用研究活动。该项目将重点研究目标探测、分类和预警的计算机视觉算法,并将其应用于分析处理全动态视频信息,以期从海量情报中快速获取有用的战场情报,支持打击"伊斯兰国"等作战任务。为确保计划得以顺利实施,拥有 33 年军龄的国防情报主任约翰·沙纳罕受命担任该小组组长,直接向副国防部长汇报。

1. 项目目标

该项目(也称为 MAVEN)的最大挑战在于如何使视频清晰化,并自动在画面中找到敌人活动的位置后做标记。据统计,无人机在接近目标时,拍摄并传回的视频中,约60%较为清晰,40%因天气等原因较为模糊,需进行人工处理。现在,这项工作由数百个3人分析小组来完成,分析员的大量时间用于这些简单重复的低级工作。

"算法战跨职能小组"利用人工智能协助挖掘作战数据的做法分两部分:一是采用"三步走"策略处理原始数据,包括对数据进行编目和标注,使其可用于训练算法;在项目承研方的协助下,操作员利用已标注数据为特定任务和地区量身定制一套算法;将该算法交付部队,并探索如何最好地对其加以利用。与现有分析工具相比,这些算法本身的规模和难度"相对轻量级",且可以快速部署,仅需一天左右的时间进行设置。二是注重算法的反复训练。因为新算法不会在部署后立即"完美"地发挥作用,为此,"算法战跨职能小组"团队在用户界面上设置了一个"训练人工智能(AI)"按钮,如果一种新算法把人识别为棕榈树,那么操作员仅需点击按钮,即可进行调整。"算法战跨职能小组"算法首次在美国非洲司令部部署期间,团队在5天内对该新算法进行了6次重新训练,最终获得了"令人印象深刻的性能水平"。

为赋予无人机动态视频态势处理的自主性,美军将探索用于自主性态势模型的认知启发型构架,从简单的计算逻辑演化到能够推理的系统,最终目标是帮助降低全动态视频数据人力分析负担,提升决策速度。这一全动态视频数据算法将衍生一套具有人工智能特征的深度学习模型,包括:①目标确认模型,确认战场目标(如车辆、设施和人)及其动作状态;②情景确认模型,预估战场中相关实体(个体、连队)及其状态,以及实体间关系和实体与目标间关系;③威胁确认模型,预估实体在预设情境中所呈现出来的威胁,包括对手计划、行动以及潜在威胁。

在"算法战跨职能小组"成员构成中,国防情报主任、联合参谋部、各军种、国防部、总法律顾问办公室及国防部其他部门的高级代表将组成执行指导小组,负责"算法战跨职能小组"的监督工作,副防长下属的一个国防情报项目办公室以及来自国防部及情报界众多部门的相关单位将成立上校级别工作组,为"算法战跨职能小组"提供支持。小组将直接向沃克汇报,每月进行更新。在运行机制上,"算法战跨职能小组"与战略能力办公室合作,相互从对方的战略规划和组织机构中获益。

2. 谷歌(Goolge)公司参与该项目

2018年,Google公司被爆出参与AWCFT项目,利用人工智能技术帮助美国国防部分析其无人机拍摄的视频片段。Google公司发言人称,正在向国防部提供用于机器学习应用的TensorFlow API接口,以帮助军事分析人员检测图像中的物体。TensorFlow是一款AI领域免费的系统软件,一直是Google AI战略的关键。它为机器学习工程师提供了进行数据排序和训练算法的框架,并且在整个行业中被广泛使用。

国防部发言人拒绝透露Google公司是否是该项目唯一的私营行业合作伙伴,也未澄清Google公司在该项目中扮演的角色。

3. 在武器装备中的应用

根据项目设置初衷,在成功为"情报、监视与侦察"的"处理、开发与传播"提供支持后,"算法战跨职能小组"将优先把类似技术融入其他国防情报任务领域。此外,"算法战跨职能小组"还将加强目前与国防情报任务领域相关的、基于算法的技术计划,包括所有关于开发、利用或部署人工智能、自动化、机器学习、深度学习及计算机视觉算法等计划。

国防部正在加速该项目的执行。2017年4月,该小组宣布计划在年底前启动"探路者"项目,将人工智能、大数据等技术运用于小型战术无人机全动态视频数据自动处理,将空中监视视频转变为有效情报。8月,该小组又透露将在年底推出首个可嵌入武器系统和传感器的智能算法,用以从海量的移动或静止图像中提取有意义的对象。另据报道,自2017年12月以来,该项目开发出的首批4套算法如今已在美军的非洲司令部、中央司令部的5个或6个基地实现部署,后续还会在更多基地部署。另外,"算法战跨职能小组"也在美国弗吉尼亚州兰利空军基地第1分布式地面站(美国空军ISR数据收集、分析和分发体系5个区域协调中心之一)部署了初始能力,很快将在加利福尼亚州比尔空军基地的第2分布式地面站部署。

2.4 发展影响

根据世界主要国家军事技术和武器装备发展趋势,智能化主战装备及其关键技术将从作战力量结构、武器装备体系发展范式、情报处理的模式、军工研发与生产等方面对武器装备的未来发展产生影响。

2.4.1 无人系统改变作战力量的组成结构

美军注重在实战中发挥智能化武器系统的优势,并在实践检验基础上进一步推动武器装备研发、优化力量配置。美军智能化装备已开始在作战行动中担当"主力"。在阿富汗战场上,无人机投弹数量2015年首次超过有人机。在阿富汗和伊拉克战场,美军累计使用超过8000部无人地面装备执行扫雷、排爆等危险任务,有效减少人员伤亡。美国陆军计划2035年前由无人机承担大部分空中侦察监视以及75%的攻击、空中后勤补给等任务。俄军在叙利亚战场多次运用机器人执行作战任务,2015年使用"仙女座"-D自动化指挥系统指挥6部"平台"-M和4部"暗语"作战机器人,对武装分子盘踞高地发动突击,尔后叙政府军打扫战场,仅用20min"零伤亡"击毙79余名武装分子并夺取高地。这是军事史上首例以机器人为主力的地面作战行动。俄罗斯战略火箭兵开始使用"平台"-M机器人对公路机动型战略导弹分队行进路线进行勘察,并执行警戒和反恐任务,不但节省了兵力,而且提升了防卫的有效性和连续性。俄军计划2030年前无人作战飞机比例达到30%。

未来,无人机集群作战技术将为作战力量带来以下三大改变:①装备系列化。以组成集群的无人机为例,将形成以十克级(对标CICADA)、百克级(对标Perdix)、千克级(对标LoCUST)、10千克级、100千克级(对标Gremlins)等系列化平台为基础的作战系统序列。②应用多样化。集群将逐步应用于预警探测、广域监视、抵近侦察、电子对抗、饱和攻击、主动防御、特种作战等复杂、强对抗、高不确定性的战场场景。③覆盖全域化。随着无人平台的多样化发展,集群概念将覆盖到陆、海、空、天全域,从"蜂群"衍生出"狼群""鱼群""鸟群""星群"等作战概念。

2.4.2 变革武器装备与技术体系发展范式

"动态与分布式"是指使用多样化、廉价的小型武器部分替代原有的大型、昂贵的武器,将原交战过程中核心平台的功能打散到不同的小型武器上去,使用单一(或少量)平台搭配若干小型武器的组合即可替代现代大型舰队(或机群)的大部分功能。人工智能和自主技术的进步使得"动态/分布式"作战模式成为可能,甚至未来可能成长为一种主要的作战模式,将牵引整个武器装备和国防技术体系的"非线性"变革。

从具体实现来看,基础是分布式,在一个使命任务中采用集群作战,大量的作战单元需要互相之间协同工作,对于组网通信、任务调度、决策生成等相关技术都有很强的牵引作用。更进一步,这是一个需要不断变化调整的动态体系。局部各作战单元的生成,作战单元中各个节点的具体任务都需要根据战场实际情况不断适应调整。数据处理量之大,问题之复杂,使得这个过程超出了人类处理的能力,也不可能由传统的"自动化"程序实现,只可能依赖人工智能和自主技术。尤其是在作战单元因通信对抗等脱离了后方的操控时,只能依赖于人工智能做出恰当反应。

2.4.3 颠覆战场作战指控和情报处理模式

算法正重塑战场指控与情报处理模式,将全面更新作战理念及作战样式,体现在以下三个方面:①智力会超越火力、信息力成为决定战争胜负的首要因素;②控制取代摧毁成为征服对手的首选途径;③在作战体系中,集智的作用有可能超过集中火力和兵力的作用。

高度智能化的辅助决策系统可减少人对作战链的干预,大幅提高作战敏捷性和强度,形成"高智"战场优势。例如,国防部计划通过"算法战跨职能小组"项目实现自动视频数据算法,让分析员从观看视频等相对低级的视频数据工作中解放出来,依托计算机即可将数小时的航拍视频变为可指导战场行动的有效情报,更准确地搜索藏匿于伊拉克和叙利亚的"伊斯兰国"武装分子。根据国防部计划,算法将首先用于情报领域,即运用大数据、计算机视觉及模式识别等技术,提升"处理、分析与传送"战术无人机获取视频数据的自动化水平,支持反恐作战;其次将用于其他领域,如在"反介入/区域拒止"作战方面,算法可以提升有人/无人作战的协同能力,实现蜂群式无人作战系统管理;在城市战方面,针对城市进攻、防御、机动、防护需要,在地形测绘、应对"城市峡谷"对信号接收的影响、开展社交媒体监视等方面,发挥重要作用;在网络战领域,通过"算法战"能完成大规模快速攻击;在电子战领域,可通过开发新算法迅速识别敌方雷达信号并实施干扰;在指挥控制方面,智能技术的应用将明显缩短任务规划与任务执行之间的时间间隔,实现任务执行过程中的再规划,明显加快作战节奏,增强作战灵活性。高度智能化的辅助决策系统将从思想、技术和应用模式上对军事能力产生全面影响。

2.4.4 引发军工研制生产模式的深刻变革

新型智能专家系统、智能机器人在武器装备设计、制造、维护全流程中的泛在化应用,将深刻影响军工研制生产模式。美国自 2011 年起全力打造智能制造生态系统,快速驱动人工智能融入装备制造,已在智能制造标准和体系方面抢占先机;国防部联合洛克希德·马丁、波音等 80 多家单位成立"数字制造与设计创新机构",将人工智能作为四大核心研究领域之一;2016 年,微软与罗·罗公司合作,建立基于人工智能的发动机检测管理系统,通过海量信息处理与智能反馈技术,实现单架飞机年成本节约数百万美元。人工智能作为智能制造的核心关键技术,其广泛应用将推动军工研制生产模式的不断革新。

第3章 智能化电子信息装备

智能化电子信息装备以知识为中心呈现"泛在互联、知识主导、体系赋能、智能自主、脑机融合"的主要特征。本章首先界定了智能化电子信息装备概念内涵和发展需求,然后分别论述了信息基础设施、预警探测、情报侦察、指挥控制、信息对抗的发展现状和趋势,接着重点论述了韧性信息基础设施装备、灵敏探测感知装备、智能指挥控制装备、智能信息对抗装备等重点装备,以及新概念通信网络、军用区块链等技术的发展情况,最后分析其对军事作战的影响。

3.1 概念内涵与发展需求

3.1.1 概念理解

电子信息装备是以电子信息技术为主要特征,专门用于信息生产、获取、传输、处理、利用或对信息流程各环节实施攻击、防护的装备。

智能化电子信息装备是面向未来智能化战争需求,以实现智慧作战能力为目标,通过加强大数据、人工智能、认知计算、量子通信等前沿性颠覆性技术与电子信息装备的深度融合,实现以业务模型、业务规则、专家经验等知识为中心驱动实现透彻感知、智能计算、灵敏指挥、自主学习、自主调节等智能能力,支撑在未来智能作战中获取行动优势和智能优势的装备。

3.1.2 主要特征

智能化电子信息装备将人、机、物甚至人的意识都连接在一起,虚拟空间和实体空间将统一于信息,以知识为中心呈现"泛在互联、知识主导、体系赋能、智能自主、脑机融合"的主要特征。

(1) 泛在互联。网络是作战时人-人、人-物、物-物、人-服务互联的基础,以无时无处不在的网络环境为中心,一是广泛聚合信息资源、服务资源、战场资源甚至社会资源,形成能力开放的资源池,实现网络聚能;二是针对多样化任务,按需聚合作战体系相关的功能、服务、能力,支撑作战能力对太空、远洋、深海、网络空间的快速可达,提供全方位、智能化响应。

(2) 知识主导。知识是对数据、信息的转化和深度利用,是智能在虚实空间应用的本质体现。针对网络聚能形成的作战体系,一是知识推动作战体系覆盖的虚实空间进一步融合;二是知识可根据具体的作战情境,实现对作战空间内物质流、能量流的智能驱动和控制,从而实现更加透彻的感知、更加高效的指挥、更加精确的打击和更加自由的互联。

(3) 体系赋能。围绕任务需求,以网络智联聚能、知识智能驱动为基础,实现覆盖整个战场空间的"智能神经网络"。通过发展智能化作战平台、知识中心网络和决策支持系统,建立陆、海、空、天等实体战场和赛博虚拟战场作战深度融合的智能化作战体系,统筹协调各种作战单元、作战要素、作战资源,基于体系向各类作战应用灵活赋能,实现作战体系内各要素基于情境智能集群作战和自主协同作战。

(4) 智能自主。执行侦察、机动、打击、防护等智能化作战任务的各类电子信息装备,能够根据任务目标、敌方情况、战场环境、自身状态的实时变化,自主判断情况、选择和执行恰当的行动方案,并具有成长性,能够随着实战经验的积累,借助强大的计算能力和算法模型,在作战过程中不断学习、改进判断和应对新情况的方法、模式,提升自主决策能力。

(5) 脑机融合。未来智能化战争是认知中心战,核心是"融",智能所占权重将超过火力、机动力和信息力,追求以智驭能、以智制能。通过脑—机互联的自然交互方式,让指挥员可通过意念控制等无障碍交互形成对敌作战意图的快速研判,并可使作战单元能够按照指挥员指示进行战场作战任务的自主理解、自主推理以及自主决断打击,实现脑—机融合的深度智能作战。

3.1.3 组成结构

综合考虑各作战领域的智能化趋势和变革性影响,将智能化电子信息装备划分为韧性信息基础设施、智能联合作战、智能作战应用三部分组成,组成结构如图 3-1 所示。

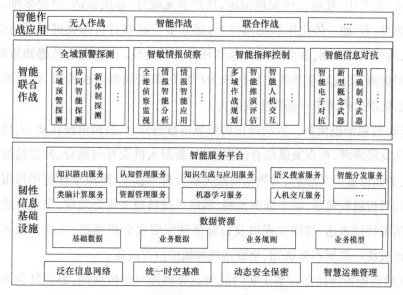

图 3-1 智能化电子信息装备组成结构

1. 韧性信息基础设施

韧性信息基础设施由具备天地一体化通信网络、高精度定位导航授时、动态安全保密、智慧运维管理、智能服务平台等功能的物理硬件构成,泛在分布于陆、海、空、天各维实体空间,经由具备知识路由、知识管理、时空精准和安全免疫等功能的知识中心网络统一管理和调配,向用户提供按需使用、动态调度、弹性安全的基础资源能力,支持作战体系内所有要素泛在分布、智能互联;以数据资源中的基础数据、业务数据和业务规则为支撑,通过智能服务平台中机器学习、类脑计算、计算机视觉和知识推理等认知功能对海量数据和信息进行知识化融合和推演等智能处理,为上层智能联合功能体系和智能作战应用提供以知识为中心的智能能力。

2. 智能联合作战

智能联合作战包括全域预警探测、智敏情报侦察、智能指挥控制、智能信息对抗等组成。

(1) 全域预警探测。以建立覆盖陆、海、空、天及网电各维的探测监视手段、增强全天候、高精度预警监视能力为目标,围绕战场探测感知大范围、高精度、网络化、无人化、智能化的发展需求,构建多元融合、深度铰链、全程多维、攻防兼备的空、天、地一体化探测感知体系,感知节点能够对目标物进行高精度、高效率、高可靠性探测,并可根据对象和任务情境变化,自适应调整感知策略、组织协同探测,实现对全球各类目标较为严密的预警侦察监视能力,提升跨领域的信息处理分析及统一态势生成能力。

(2) 智敏情报侦察。围绕情报的跨域情报感知、大数据情报认知、人机交互融合的发展需求,重点突破联合情报感知、新型人机交互与融合、开源情报深度挖掘、多元信息语义理解、大数据情报关联分析等技术,解决全球范围情报隐秘上报与情报隐蔽通联、动态推演预测、精准敏捷情报支援等难题,实现对战场态势下情报特征表达、规律发现以及目标活动深层次分析预测,支撑作战体系各要素形成统一战场态势认知、全维透视和辅助指挥决策。

(3) 智能指挥控制。基于实时战场态势感知与分析预测,面向复杂多变的作战任务,综合指挥员经验知识,构建辅助作战决策的智能指挥体系,利用知识库中相关实体模型、行为规则和决策知识,用机器大脑延伸指挥员人脑,提供战场态势辅助认知和预测、任务规划决策建议和优化、智能对抗作战实验分析等智能决策功能,形成"智能判断、智能决策、智能反馈"的指挥能力,实现指挥决策科学性和效率的飞跃式提升。

(4) 智能信息对抗。构建动态、自主、协同的防御和攻击体系,重点发展通信对抗、雷达对抗和光电对抗等智能电子对抗装备以及定向能武器、动能武器、无人化武器和网络空间武器等新型攻击装备,突破电磁环境自主认知、电子干扰装备自适应对抗、网电软载荷攻击和无人机集群智能作战等技术,使得作战节点能够根据实时战场情境,对自身行为进行自主调整,多个作战节点间能够按需共享信息并根据目标动态、任务调整实现作战节点间的自主协同、引导;同时支持快速评估敌我方打击/毁伤情况,以实施二次打击行动。

3. 智能作战应用

面向无人作战、智能作战和联合作战等作战需求,基于动态集成框架,灵活快速组成面向任务、敏捷适变的智能化作战应用,为各类军事行动提供智能、精准、泛在的作战能力。

3.1.4 发展需求

现代科学技术在军事领域的广泛运用,对战争形态和作战方式产生了深刻的影响。毫无疑问,随着新一代人工智能技术深入发展,必将加速军事变革进程,给战争形态、部队编成、作战样式带来根本性变化,并逐步渗透到军队各个领域,意味着电子信息装备将迈向智能化时代。

未来战争形态演进催生智能化电子信息装备。随着世界新军事革命不断深入,"知识中心战""自主战争""无炸药战争""影子战争"等新的作战理念不断出现,未来作战模式将由"网络中心"向"知识中心"演进,进入无人、无边、无形的智能战争时代,这对目标探测感知、情报侦察、作战指挥决策、多域行动控制、信息对抗等作战领域提出了更加智能的作战要求,这些要求必将引起未来电子信息装备在组成结构、信息交互方式、协同运行模式等方面发生重大变革,催生电子信息装备向智能化转型发展。

国家军事战略需求呼唤智能化电子信息装备。当今世界,国际形势深刻演变,国际力量对比、大国军事竞争、国际经济格局正在发生历史性变化,美国为了确保在大国军事竞争中占据绝对优势地位,于2014年推出以"创新驱动"为核心、以发展"改变未来战局"的颠覆性技术群为重点的"第三次抵消战略",旨在抵消非对称制衡能力,打造智能化作战体系。面对如此复杂严峻的战略形势,我国实行新形势下积极防御军事战略方针,需大力推进信息网络、预警探测、情报侦察、指挥控制和信息对抗等电子信息装备的智能化发展,谋求构建新型现代军事力量体系,有效应对精确作战、立体作战、全域作战、无人智能作战。

人工智能井喷式发展加速电子信息装备的智能化变革。目前,人工智能正迎来"井喷式"创新发展,深度学习、大数据和智能芯片等技术群快速发展,已经深入交通、服务、医疗健康、教育、就业、公共安全与防护等领域。在军事领域,智能技术变革性发展将会加速电子信息装备的智能化变革,通过加强人工智能技术群与电子信息装备的不断融合,将会强化电子信息装备的全维感知、自主学习、协作共享和智能决策等能力,支撑我军在未来智能战争中具备信息优势、行动优势和智能优势。

3.2 发展现状与发展趋势

3.2.1 发展现状

主要研究外军和我军在信息基础设施、预警探测、情报侦察、指挥控制和信息对抗等电子信息装备及关键技术方面的发展现状,分析我军存在的差距。

3.2.1.1 信息基础设施

在信息网络方面,美国佐治亚理工大学和纽约州立大学研究人员在实验室环境下实现了水下磁感应通信,并进一步提高了传输速率。NASA 在总部与喷气推进实验室(Jet Propulsion Laboratory,JPL)直接建立了远距离光纤量子通信干线,并计划拓展到星地量子通信。谷歌和 NASA 联合研发的 D – Wave2X 量子计算机在测试中运行速度达到了传统芯片的 1 亿倍,是研制通用型量子计算机的关键。美国成功发射"移动用户目标系统"(Mobile User Objective System,MUOS)第 5 颗卫星,完成新一代军用移动通信卫星系统部署,可获得高速数据与语音传输能力,并满足作战部队高速接入 GIG,实时打击目标的需要。美国陆军通过部署由 16 颗微小卫星组成的"陆军全球动中通卫星通信"(Resilient Global on the Move Satcom,ARGOS)星座,验证了 UHF(Ultra High Frequency)和 Ka 频段通信能力。在时空基准方面,美军在时间基准(守时、授时、用时、计量与监测)和空间基准(EOP 测定、全球测绘、导航定位、位置服务)领域均处于全球领跑地位,特别是其 GPS 已运行多年,在军民应用领域均发挥了重大作用;此外,美军近几年正在加紧发展部署第三代导航卫星,其运行控制系统具有较强的赛博安全与信息保证能力,以及较强的星间星地链路通信能力;2018 年下半年，美国发射了第一颗 GPS–ⅢA 卫星，后续 GPS–ⅢB 卫星增加了 Ka（或 V）频段、带宽达到 100MHz 的高速星间星地链路，GPS–ⅢC 卫星增加了点波束功能，可在全球任意区域直径 1000km 的范围内实现军用 M 码信号 20dB 的功率增强。在信息服务方面，美军发展共用计算设施，建设大规模集约化的信息服务承载环境，并构建网络中心企业服务（Net–Centric Enterprise Services，NC-ES），提供网络化信息服务能力，以信息服务为纽带实现各种作战要素的有机结合，形成覆盖全球的信息保障体系，满足美军网络化联合部队的各类非预期信息保障需求。在安全保密方面，美国"火花认知"安全公司发布的杀毒软件"深度装甲"，利用人工智能技术可识别病毒发生变异以尝试绕过安全系统。美国开发了用于自主保护网络系统免受攻击的"Tutelage"系统，为美国非秘密互联协议路由网（NIPRNet）提供实时保护，每秒可检测和分析超过 300 万个数据包。美国海军持续为协同作战能力（CEC）信号数据处理器组件（System Demonstration Platform Serial，SDP–S）加装 Sierra Ⅱ 加密芯片，为 Link–22 数据链安装受控密码系统。在运维管理方面，美军全球信息栅格中的网络运维操作（Network Operations，NetOps）集成了网络管理、服务管理、信息分发管理和安全管理，形成对网络、信息和安全等基础资源的一体化管理。

我军已开展信息基础设施总体设计，统筹推进军事栅格化信息网、时空基准系统、安全保密系统、运维管理系统和数据资源等基础设施项目研制。在信息网络方面，我国已经基本建成覆盖我国领土、领海、第二岛链内海域及海上重要通道的传输网络，以及包括指挥专网、军事综合信息网等业务网络，初步形成以光缆通信为主，卫星、微波、短波通信为辅，有线与无线相结合，多种手段并用的通信网络手段，并成功完成了海水量子通信实验。在时空基准方面，我国完成了 5 颗试验卫星（3 颗 MEO、2 颗 IGSO）的发射工作，我国的北斗三号系统已于 2018 完成了基本系统建设，并计划 2020 年完成完整系统建设，届时我军将具备基于北斗的全球导航定位服务能力。在信息服务方面，军用领域已突破服务运行开发、软件集成等技术，基于此技术的通用信息处理平台（三期）已在"509 工程""1212 工程"等系统建设中得到初步应用。在民用领域，突破了云服务支撑、云服务调度管理等技术，实现了基础设施即服务、平台即服务和软件即服务等多类功能。在安全保密方面，我军经历了从专用安全装备到通用安全装备、从进口器件到国产自主、从静态防护到动态防护、从单装到体系的发展历程,建立了涵盖网络安全、主机安全、应用安全、安全管理、监测预警等安全防护装备体系,解决了系列安全保密瓶颈问题,有力支撑了我军信息化建设。在运维管理方面,我军在网络管理、安全管理、系统管理等专业管理领域发展中应用资源态势感知技术、拓扑生成技术、故障/告警感知与告警技术、安全策略配置技术、软件自动分发技术等资源运维管理技术,建设了通信网络管理、安全管理、系统管理等专业管理系统,初步具备了对通信网络、安全防护设备和业务应用系统的运维管理能力。

通过对比美军信息基础设施发展现状,在信息基础设施还存在以下问题:一是信息基础设施网络覆盖范围和容量不足,抗干扰能力弱,缺乏一体化网络业务提供能力,无法满足海量的数据、视频信息传输需求,无法实现我国国土及领海的连续覆盖,天地一体广域组网和全球网络覆盖能力严重不足;二是信息基础设施核心功能动态重组、资源智能适配等能力弱,自组织机制研究不足,资源以预先分配为主,动态规划调度困难,无法满足弹性泛在接入、基础设施资源自配置和自优化的需求;三是信息基础设施系统智能免疫自学习、自适应和抗干扰能力弱,智能化、自主化水平不足,无法辅助支撑未来军事信息体系的安全免疫效能;四是面向人工智能、软件定义、新一代军事移动通信以及无人平台等方面的安全防护尚处于起步阶段,安全防护措施缺乏智能动态调整能力;五是我军信息化条件下的运维业务协作、运维管理服务和管理信息融合等运维保障能力还不能完全适应军队信息化快速发展的需要。

3.2.1.2 预警探测

美国建设了世界上最完善的陆海空天、多层次、多阶段、多频段空天防御系统。同时,军事大国都在构建自己的一体化探测感知网络,通过信息栅格完成各种陆基、海基、空基、天基传感器、信息处理系统集成综合,用于对战场各类电磁信号和目标进行全方位、全天候、全天时、全频段、立体化的侦察监视,形成综合化、网络化的战场信息获取、处理、传输、分发和应用的一体化探测感知体系。例如,美国研发了多款面向反恐安检的太赫兹成像雷达,包括调频连续波(Frequency Modulated Continuous Wave,FMCW)体制、双多基地体制等。美国成功发射第3、4颗地球同步轨道空间态势感知计划(Geosynchronous Space Situational Awareness Program,GSSAP)卫星,提高美军高轨目标巡视侦察能力。在DARPA和NASA联合投资下,洛克希德·马丁公司与加州大学联合研制了微缩干涉光学成像系统,可极大提高军事侦察与态势感知能力。DARPA投资的"看我"(SeeMe)微小卫星完成研制,可通过快速部署低成本小型成像星座,向前线基层作战人员快速、按需提供近实时战场图像数据。美军新一代"太空篱笆"S频段单基地相控阵雷达完成跟踪太空目标的测试,具有较高的太空态势感知能力和轨道检测能力,预计2020年正式投入使用。美国海军研制的"自主无人水面艇",能够有效探测安静性常规潜艇和UUV。美国成功发射新一代军民两用"世界观测"-4遥感卫星,保障对热带南地区的高分辨率观测。

在探测感知方面,我军目前已经具备对三代战机的预警探测能力,并且初步具备对巡航导弹的探测能力,米波反隐身雷达技术已经达到世界领先水平,初步具备了对国土及周边范围内隐身目标探测能力;在全球战略侦察方面,我军"雷电"一号~"雷电"四号、"前哨"一号~"前哨"三号、"尖兵"八号等卫星型号项目相继启动并列装,侦察频段覆盖12GHz以下雷达、通信主要频段;在陆海战场侦察监视方面,以各种陆、海、空、天装备为基础,具备海岸线外600km内大型水面动目标的连续跟踪和定位能力;在防空预警探测方面,我国通过防空情报组网系统集成各类防空预警探测装备,实现了全国空情联合统一,已具备对我国土上空和周边地区100~400km的常规目标探测能力,初步具备反隐身探测能力和首都地区等重点区域低空目标的常态监视能力。在探测感知基础前沿技术方面,国内开展了大量目标特性和环境特性等基础性研究工作,目前常规空中、海上目标的雷达散射特性、光电红外特性及典型场景下的地海杂波、干扰环境特性已基本掌握,针对常规目标及典型环境下的探测感知技术体系已基本建立,可以支撑装备设计及研制需求。

通过对比美军预警探测发展现状,在预警探测方面还存在以下问题:一是重点目标探测与感知技术尚未完全突破,特别是对隐身飞机、航空母舰编队、核潜艇、弹道导弹以及"低慢小"目标探测缺乏有效的技术手段,全球大范围、连续、实时、精确、立体感知技术亟待加强;二是网络化协同探测与感知技术应用不足,对于应用背景、传感器类型、作战组织、组网形式均与国家联合作战的感知需求尚有较大差距,尤其是分布式资源协同应用、多元信息融合等方面,导致信息产品在时空、内容方面的一致性较差,且与武器系统铰链融合不够;三是部分探测与感知技术水平有待提升,尤其是对复杂战场环境(如电磁、气象)的适应能力需要加强,传感器系统探测精度、抗干扰、目标识别能力需要进一步提高,精细化、智能的战场信息处理技术亟待发展;四是新体制探测技术亟待发展,在太赫兹探测、磁探测、光子探测、量子探测等方面,国内还处于起步阶段,在技术研发与应用上与发达国家相比存在一定的差距。

3.2.1.3 情报侦察

美军情报侦察系统已基本具备层级化、中心化、服务化等几个主要能力特征,正致力于提高其一体化的情报搜集、处理加工、智能分析与服务能力。美军构建了联合作战空间信息球、分布式通用地面站、盟军多情报全源互联、互通联合情报侦察系统等情报侦察监视体系,完成了各种情报侦察装备的整合,提高了部队间的协同作战能力。利用宽带高速数据链路,将分布在极近距离和极远距离的各种国家级、战区级和战术级的陆、海、空、天及水下不同层次的各种相互独立的侦察传感器构成网络,使其为完成同一个任务而进行协调一致的行动,将分散的各个侦察监视力量有效连接,产生综合效果。在全球战略侦察方面,美国通过部署成像卫星、信号侦察卫星、海洋监视卫星、导弹预警卫星,以及部署于全球的U-2、"全球鹰"战略侦察机、侦察船、东西两岸的海底声纳阵列、侦察站,实现重点区域监视、海洋目标监视、战略情报收集等全球战略侦察能力。例如,美国哈佛大学研发了类似蜜蜂的"机器蜂"和"机器鱼",将在军事侦察领域发挥重要作用。美国雷声公司研发氮化镓有缘电扫描阵列技术,在此基础上研制一体化防空反导作战用氮化镓有缘电扫描阵列雷达。美国陆军组建首支RQ-7"影子"无人机与AH-64"阿帕奇"直升机混编的攻击侦察中队,2019年开始实战部署。美国海军开发的新型"企业对空监视雷达",将替代双波段雷达成为"肯尼迪"号航空母舰以及后续"福特"级航空母舰、LHA-88两栖攻击舰的搜索雷达。DARPA投资研发的分布式敏捷反潜系统完成"猎潜"子系统海试,能够发现试图攻击己方航空母舰打击群等高价值目标的潜艇。美军新一代"太空监视望远镜"(Space Surveillance Telescope,SST)能够更好地跟踪小型深空目标,主要用于监测西太平洋和印度洋上空的高轨太空目标,弥补美军在南半球监视能力缺口。美国空军"空间监视望远镜"地基空间目标监视网投入作战应用,可提高对中高轨空间事件的监测认知能力和反应速度。

我军军事情报工作经过90年的发展,在职能领域方面,实现了由单一对地侦察预警向对空、对海、对天、对网全方位侦察预警拓展;在建设运用方面,推动了陆、海、空、天、电、网分域独立发展向一体联合转型;在力量手段方面,航天侦察、航空侦察、海上侦察、技术侦察、部队侦察、特种侦察等力量手段建设初显成效;在保障模式方面,初步形成了军委、战区、作战部队、侦察传感器四级侦察情报体系联合运用模式;在保障能力方面,具备了常态化提供联合海情、联合空情及战场综合态势保障的能力。总的来看,我们侦察情报体系保障能力对周边中小国家(地区)具备明显优势,但与美国等主要战略对手相比还有较大差距。从情报信息系统角度,目前我军陆续开展了情报信息综合处理系统和"区电"(东南)战区联合作战指挥中心、一体化指挥平台等联合作战指控系统的研制建设,已建成"网络化、服务化"为特征的第四代指挥信息系统,初步实现战场感知信息属性级融合、侦察力量分类统一处理、战略情报产品生成和向各级情报用户的统一分发。

通过对比美军情报侦察发展情况,目前,我军情报侦察装备建设尚处于起步阶段,智能分析、网络化服务等技术水平还有较大差距,对国家总体安全决策和联合作战的全面支撑能力尚未形成。具体体现在:一是情报信息基础设施薄弱。情报通信网络建设滞后,情报网络带宽严重不足,信息流动不畅,情报通联体系还不完备,全球域情报上报和支援缺少有效可靠手段,军地情报信息共享缺乏平台支撑。二是全源全域感知获情能力欠缺。人力情报技术手段应用不足,利用军民力量进行境外军事设施、重点目标、重要区域的紧盯核查能力不足;全球情报力量和民用互联网感知资源没有得到充分利用,情报获取的渠道和效率受到限制。三是情报智能分析核心能力不足。战略情报辅助研判、协同处理和智能分析缺少系统支撑,自动化程度低,缺少模拟推演、虚实结合分析等辅助分析手段,分析深度不够,定量不足,信息利用率较低。

3.2.1.4 指挥控制

美军发展覆盖战略、战役和战术3个层级的作战筹划技术,并持续推动作战筹划体系的建设和升级换代,集规划、仿真、评估为一体,支持从总统战略制定到末端武器发射的全过程。在指挥决策方面,美军在2015年提出了作战净评估概念,并设计了用于增强战场指挥官决策优势的分析程序,用于增强决策效率,进而增强决策优势。2016年,美军计划启动"指挥官虚拟参谋"项目,旨在应用人工智能技术,应对海量数据源及复杂战场态势,提供主动建议、高级分析及自然人机交互,从而为指挥官及其参谋制定战术决策提供从规划、准备、执行到行动全过程决策支持。2016年,美国辛辛那提大学开发的人工智能系统"阿尔法"(Alpha)模拟空战中指挥仿真战斗机编队。DARPA布局了一系列面向实际作战任务背景的项目,例如,Mind's Eye用于探索一种能够根据时距信息进行态势认知和推理的监视系统;对抗环境中目标识别与适应(Target Recognition and Adaption in Contested Environments,TRACE)尝试用机器学习和迁移学习等智能算法解决对抗条件下态势目标的自主认知,帮助指挥员快速定位、识别目标并判断其威胁程度;分布式战场管理(Distributed Battle Management,DBM)发展战场决策助手,帮助飞行员在对抗条件下理解战场态势、自主生成行动建议并能够管理无人驾驶的僚机;人机协作(Technology for Enriching and Augmenting Manned Unmanned Systems,TEAMUS)尝试将人与机器深度融合为共生的有机整体,利用机器的速度和力量让人类做出最佳判断,从而提升认知速度和精度。在行动控制方面,2015年,NIFC-CA系统正式部署"罗斯福"号航空母舰打击群,实现初始作战能力,标志着美国海军网络化编队协同防空作战体系更趋完善。2016年,美国空军研究实验室(AFRL)同步推进超燃冲压发动机、热防护结构与材料、导引头、引战等方面的关键技术攻关,发展一型射程1000~2000km、最大马赫数9~10的空射超高声速助推——滑翔武器。美国空军开发制造"远程打击轰炸机"(Long Range Strike Bomber Program,LRS-B)——"B-21",具备灵活打击全球任何地点的能力。美国AM通用公司推出新型"鹰眼"105mm轻型自行榴弹炮,该炮采用33倍口径身管,最大射速为8发/min,持续射速为3发/min。美国陆军开发并优化粒状IMX-104炸药大规模浇浆包覆生产工艺,主要用于装填 M795 和 XM1228 炮弹。美国海军采用新型的"朱姆沃尔特"级驱逐舰、近海战斗舰和远征快速运输舰陆续入役。美国海军完成 LDUUV 无人潜航器通用控制系统软件测试,具备对"大排水量无人潜航器"进行指挥控制能力,还能够适应空中、水面、水下和地面各类无人系统。美国海军"卡尔·文森"号航空母舰安装了首套无人机控制中心,用于操控目前处于研发阶段的 MQ-XX 无人作战飞机。雷声公司和美国海军航空系统司令部已经完成 MQ-8"活力侦察兵"无人机先进任务控制系统研发,将部署在"科罗拉多"号近海战斗舰上,使其能够在近海海域获得可靠、灵活的任务指示。DARPA 选择采用分布式混合动力点驱动系统的"雷击"无人旋翼机赢得"垂直起降试验飞机"项目,开展原型机研制和试验工作。美国 F-35 战斗机开展了 AIM-9X 空空导弹、激光制导炸弹、联合防区外武器(JSOW)的等武器投放试飞以及多机编队飞行。美国海军新型 CH-35K 直升机研制试飞进展顺利,VH-92A 美国总统直升机实现换代,标志着项目进入原型机制造阶段。

我军在联合指挥决策系统建设的起步较晚,针对重点方向跨军兵种作战指挥需求,陆续开展了"区电"(东南)战区联合作战指挥中心、一体化指挥平台、军委联合作战指挥部指挥信息系统、东海方向联指系统等联合作战指控系统的研制建设工作,一体化联合作战指挥能力明显提升。其中,东海方向联指系统首次构建了面向实战需求的战役级联合作战指挥信息系统,打造了覆盖"军委联指—方向联指—任务部队"三级指挥机构、交链主战武器平台的网络化指挥信息系统,初步形成了综合态势"一幅图"、直接指挥武器平台、联合兵力行动筹划等作战支持能力。在智能指挥决策方面,人工智能在态势理解、辅助决策等方面应用发展较为滞后,目前的指控系统中,借助传统的方法能够提供诸如兵力计算、火力计算、保障计算、航路计算、弹道计算、毁伤概率估计等单功能、单纯数学问题的计算求解模型算法,但却无法针对一个具体作战问题,或基于一套初步的作战构想,自动生成一套或多套可行的方案和计划,难以满足未来战场快速指挥决策的需求,成为我军电子信息系统建设的瓶颈。

通过对比美军指挥控制发展现状,我军在指挥控制方面还存在以下问题:一是在战场态势方面,态势在战略、战役、战术各级要素和内涵的粒度相同,上下一般粗,不能满足各级用户对战场态势理解的不同要求;二是在战场态势认知方面,目前的指控系统无法实现诸如行动意图、目标价值、力量强弱、局势优劣等当前战场形势,以及敌方下一步可能的行动、行动可能造成的结果、战场形势可能的走向等未来变化趋势的认知,需要探索群体认知、深度学习技术在战场态势认知中应用;三是在指挥决策支持方面,目前的指控系统无法针对一个具体作战问题,或基于一套初步的作战构想,自动生成一套或多套可行的方案和计划,无法准确估计多项行动综合作用及交战对抗博弈可能产生的结果,无法提供优化作战方案的建议,需要大力发展"从数据到决策"的智能化决策能力。

3.2.1.5 信息对抗

美国在信息对抗方面一直处于世界领先地位,大力发展智能化控制、网电跨域攻防等信息对抗能力,在网络跨域防御方面,美军重视利用网络中心战思路,围绕网络跨域防御作战,拥有世界上最庞大的全球侦察监视体系,采用最先进的网络侦察监视技术,实施网络攻击预警和情报分析,提供信息环境保护、攻击探测和系统恢复等多方面防御能力。例如,DARPA发布的"X计划"产品,用于"网络卫士"和"网络旗帜"联合演习,能够实现网络作战战场空间的可视化,是国防部进行计划、实施和评估网络空间作战行动。DARPA开发"高保证网络空间军用系统"(High-Assurance Cyber Military Systems,HACMS),能够抵御包括针对加密和认证、利用软件漏洞、利用无人机外部通信接口等发起的各种网络空间攻击。美国海军"武器系统弹性网络战能力"和美国空军"红旗"军演中"决战"公司的网络运行平台,可实现军用系统及网络的恶意软件检测、保护、响应和恢复能力。美国空军先后发布"美国空军内联网控制"(Air Force Intranet Control Weapon,AFINC)和"网络空间脆弱性评估/猎人"(Cyberspace Vulnerability Assessment/Hunter,CVA/H),前者作为空间内联网最顶层防御边界及接入美国空间内联网的所有数据入口,后者可执行美国空军信息网的脆弱性评估、威胁探测和合法性评估等。在网络多维攻击上,以网络欺骗、破坏或摧毁敌网络技术为重点,已经具备以计算机病毒武器为代表的网络空间战武器,其正在研制的攻击性信息武器有各种计算机病毒(包括逻辑炸弹、蠕虫病毒等)、电子生物武器、计算机穿透技术等,并已取得重大进展。在电子信息对抗与防御方面,美军已经发展了各种先进的电子战装备并依托电子信息系统将武器装备互联,实现了电子战系统之间以及电子战系统与武器平台的深度融合应用。在电子战装备系统方面,发展了从陆基到空基、从侦察到干扰、从软杀伤到硬摧毁等种类齐全的电子战装备。2016 年,美国"行为学习自适应电子战"(Behavioral Learning for Adaptive Electronic Warfare,BLADE)系统首次进行飞行试验。美国"自适应雷达对抗"(Adaptive Radar Countermeasures,ARC)项目验证了原型样机对未知雷达信号的自适应响应能力,同时计划将认知电子战能力部署到 F-35 战斗机和"下一代干扰机"上,具备自主感知能力、实时响应能力、高效对抗能力以及评估反馈能力。美国陆军"电子战规划和管理工具"(Electronic Warfare Planning Management Tool,EWPMT)在 2016 年实现了首次能力部署,能够使电子战操作员/频谱管理员同指挥所执教更好地协作、同步与共享信息。DARPA"先进射频测绘"(RadioMap)项目在海军陆战队得以部署,为频谱管理人员和自动频谱分配系统提供了频谱"可视化"工具。美国海军的"水面电子战改进项目"(Surface Electronic Warfare Improvement Program,SEWIP)采用 GaN 放大器提升了电子攻击能力。美国波音公司的"寂静攻击"反无人机激光武器等反无人机电子战装备受到了广泛关注。DARPA"小精灵"项目开始研制一种部分可回收的电子战无人机蜂群,可进入敌方上方,通过压制导弹防御、切断通信、影响内部安全,甚至利用网络攻击等措施攻击敌人。美国国防部研发的"山鹑"无人机可用于执行电子战任务,用于防空系统诱饵,或利用自身携带的载荷执行情报、监视与侦查任务。美国雷声公司推出了可提供电子战、电磁频谱、网络空间共享态势感知的网络空间及电磁场管理(Cyber and Electromagnetic Battle Management,CEMBM)系统。2015 年微软公司提出的 PReLU-Nets 模型,体现了人工智能在光电侦察方面进行分类识别方面优越的前景。在光电制导方面,红外制导导弹以美国"响尾蛇"系列最为著名。RAM Block 2 导弹是美国 RAM 系列舰载末端防御导弹的最新产品,Stinger Block 1 导弹是美国 Stinger 系列便携式导弹的最新产品,提高全向攻击能力和抗红外干扰能力。代表美国下一代反舰导弹方向的 LRASM 导弹,依靠先进的弹载传感器技术和数据处理能力进行目标探测和识别,能在无任何中继制导信息支持的情况下进行完全自主导航和末制导,智能完成打击任务。

近 10 年,我军加快了发展网络攻防技术和装备研究的步伐,形成了网络侦察、进攻和防御3种类型的武器装备技术体系,初步具备对关键战争潜力目标的作战能力。目前,在网络跨域攻防方面,我军对敌指控、情报侦察、通信、导航、预警、防空和武器系统等军事网络和电力、金融、供水、交通等关键基础设施,能够实施干扰、瘫痪、欺骗或控制,初步形成了"监网""瘫网""骗网"的核心作战能力;对微波、卫星、战术电台以及数据链等战场无线网络,能够实施高效干扰、压制或欺骗,初步具备了网络侦察、精确攻击以及信息欺骗能力;在电子信息对抗与防御方面,开展了系列频谱监测设备的研制及频谱管理系统的建设,具备了初步的频谱普查、频谱管理、干扰源查找等功能,发展了以无源定位、超视距侦察、超宽谱探测等为代表的情报侦察监视装备,并发展了以 JWS01/02/03 系列反辐射无人机及反辐射子弹等为代表的反辐射攻击装备。我军在智能化行动控制方面还存在一定空白,但是在结合大数据应用等智能化控制方面已经开展了相关研究:在无人蜂群方面,主要以单机形式执行情报、侦察、监视、通信支援、电子战支援等战场保障性任务以及部分火力打击任务,目前正在开展无人蜂群方面的技术展示和装备研究工作。

对比美军信息对抗发展现状,在信息对抗方面还存在以下问题:一是网络空间体系对抗能力薄弱,多级纵深的网络防护体系无法实现多域信息安全共享和全域资源安全管控,缺乏监测预警和威慑反制手段;二是电磁空间攻击与防御系统与体系对抗能力偏弱,在跨军兵种多要素的区域集成、协同探测与协同对抗、准确实时的情报支援以及高效智能的指挥控制等方面,尚存在较大的能力短板;三是对新威胁目标的对抗能力不足,对敌对抗处于"出现一型威胁、研制一种手段"的"跟随发展"状态,难以实现对威胁目标的快速响应;四是情报与电磁频谱侦察手段及能力偏弱,尚难实现对战场电磁频谱的精细普查和复杂战场电磁环境下的目标精确压制,对抗智能化程度低。

3.2.2 发展趋势

在未来覆盖陆、海、空、天、网、电等实体和虚拟战场的体系作战中,智能将渗透到各作战环节中,作战平台实现无人化和智能化,分布式部署于全战场纵深,融合于作战体系的每一作战单元和作战要素,使得军事电子信息系统具备更加透彻的感知、更加高效的指挥、更加精确的打击和更加自由的互联。面向具备体系化、智能化、泛在化、无形化等特征的未来战争形态，鉴于目前军事信息技术呈现更迭加快、全球化趋势加剧等特点，我军将通过综合运用物联网、云计算、大数据、人工智能等现代信息技术，实现信息基础设施、探测感知、情报侦察、指挥控制和信息对抗等领域的智能化发展。

3.2.2.1　信息基础设施

信息基础设施向"网络化、服务化、智能化、自主化"方向发展,将重点突破移动服务智能接入、网络智能感知、拓扑智能组网、网络智能自我修复等关键技术，实现通信网络自我感知、自我控制、自我修复和自我优化，具备陆、空、天基以及海上通信的一体化智能互联、精准的时空统一、可信的安全保密等能力，从而解决作战飞机、舰艇编队等作战平台"响应慢、抗不住、服务弱、自主少"等问题,具体表现为以下几个方面。

(1)通信网络将向宽带化、智能化、虚拟化和抗干扰的方向发展。由分散于天、空、地各层的网络/计算/存储等资源组成，将突破智能化柔性组网、软件定义网络、网络功能虚拟化、战场网络弹性服务等技术，通过在战场信息网络智能化、无人作战群自主信息网络、战场强对抗环境下的可靠通信、新概念通信网络等方向重点布局，解决智能网元、无人作战群自主协同、高可靠通信与网络智能服务等问题，提供大容量传输、广域覆盖、随遇接入、智能管控、动态组网、弹性抗毁、跨网系融合服务等能力，实现任何时间、任何人、任何地点都能无障碍通信的网络。

(2)导航定位将向网络化、自主化、多样化的方向发展。将利用电、磁、光、声、天文、地球基准数据、惯性及其组合等手段，突破定位导航授时增强服务、水下隐蔽导航、自主导航定位和多源融合智能导航等技术，为作战单元提供高精度的位置、速度、时间和姿态等信息，实现覆盖各主要军种和战区的网络授时服务，以及时空统一时差参数、监测信息等时空统一信息服务能力。

(3)信息服务将向系统知识化、环境泛在化、处理智能化以及架构一体化的方向发展。从信息的海量获取处理向面向用户的"知识服务"转变，并将根据各终端用户对信息的特殊需求，或有目的性地从融合后的信息中实时地挖掘出用户感兴趣的信息,主动、快速、准确、安全地对信息进行封装和分发,以提高战场信息的有效性、共享性和信息传输的快速与安全性,满足用户对信息服务日益增长的能力和功能需求。

(4)安全保密将向多层次、一体化、主动性的方向发展。充分采用人工智能、大数据、网络拟态、高捷变等技术,全力打造态势智能感知、力量体系联动、结构动态捷变、技术高效融合的安全保密体系,实现有线网络和无线网络安全保密装备的智能化、动态化、主动化,能够主动诱捕发现新型未知网络攻击,更加有效防范敌对势力网络侦察窃密和渗透,更加有效保障我军基础网络安全运行、信息系统安全应用、信息资源安全共享。

(5)运维管理将向综合管控、智慧管控、应急管理协同的方向发展。通过建立跨领域管理角色、跨专业要素、跨军种层级的一体化运维管理业务协作流程,运用资源状态统一监控、资源规划统一管理、资源需求统一调控、故障告警挖掘分析以及智能运维等技术手段,构建横向协同、纵向贯通的一体化运维管理系统,形成多源态势全局感知、运维故障智能处理、基础资源动态调配、应急管理业务协同的运维支撑能力,实现对基础资源、服务资源、业务应用等方面的一体化智能管控。

3.2.2.2 全域预警探测

预警探测将不断向"透明化、协同化、智能化"的全域探测感知方向发展,感知节点应能够根据对象和任务情境变化,自适应调整感知策略、组织协同探测,同时,可按需获取多源数据并充分融合及深度挖掘,准确展现和预测战场态势,从而能够实时、精准掌握统一战场情况,支撑作战体系各要素形成统一战场态势认知,具体表现为以下几个方面。

(1)预警探测体系将向多层次、立体化、智能化的方向发展。将通过重点发展太赫兹探测、磁探测、光子探测、量子探测等新体制探测技术以及各种无人探测系统和智能信息融合处理手段,完成陆、海、空、天、电、网实体和虚拟要素的智能融合,增强全域态势感知能力,形成自演化及自学习的透彻感知能力,支撑正确、实时、可靠的情报判断和态势评估。

(2)预警探测器件将向大范围、高精度、实时化的方向发展。将通过利用新式光电效应、量子理论、量子信息技术等前沿科技技术和新型功能材料,实现对目标物的高精度、高效率、高可靠性探测,支持实现全域、精准、实时态势感知,使战场转向透明。

(3)预警探测器件将向多传感器协同智能的方向发展。将通过突破多传感器协同部署、协同任务规划、协同识别、协同引导探测接力跟踪等技术,形成陆、海、空、天、网一体协同探测感知、目标智能分析识别、情报主动推送共享的战场全维透视能力,实现对战场态势下情报特征表达、规律发现以及目标活动深层次分析预测。

3.2.2.3 智敏情报侦察

情报侦察向情报侦察联合化、一体化和智能化的方向发展,将通过构建联合情报数据融合与共享服务体系,整合最新的人工智能、大数据等技术,不断提高情报处理的智能化水平,从而大幅提升联合情报一体化保障能力。

(1)情报侦察体系将向综合化、一体化的方向发展。未来的军事情报侦察系统的情报获取来源,应是由天基、空基、陆基、海基等多元化的综合集成。需通过建立全方位、立体化的监视侦察体系,将多军兵种联合作战的多源情报进行获取、融合、处理、利用和分发,实现情报信息的流通和互补,保证信息作战情报的准确性、完整性和时效性。

(2)情报处理平台将向高性能、智能化的方向发展。将通过海量的历史数据驱动和知识牵引,突破海量多源异构情报语义特征选择、战场全维度透视图构建、具备类人脑态的智能辅助决策等关键技术,实现战场态势下情报特征表达、规律发现、知识积累、活动分析,支撑对目标的自演化及自学习的透彻感知和动向滚动预测。

(3)情报应用将向智能化应用方向发展。纵观美军各军种出台的智能化发展战略以及国防高级研究项目局等研发机构的人工智能开发项目,未来其军事情报智能化建设将聚焦于四大领域:战场空间感知情报智能化、力量运用情报智能化、防护情报智能化、后勤保障情报智能化,进而实现人机协同与人机融合,欲在"智能"战争环境中继续保持领先地位。

3.2.2.4 智能指挥控制

指挥控制将向"网络化、智能化、敏捷化"的智能指挥决策方向发展,针对多军兵种、多专业要素等各类参战单元联合作战筹划的需求,应基于实时战场态势感知与分析预测,按需汇聚决策所需敌我方各类信息,并综合指挥员心智模型、经验知识等开展辅助决策,减少任务分析—筹划规划—方案推演—指令生成过程中人的参与程度,实现"智能处理、智能判断、智能决策、智能反馈"大闭环,具体表现为以下几个方面。

(1)指挥控制将向智能分析、智能规划方向发展。基于网络化设施服务,将突破基于历史活动规律挖掘的异常态势告警、基于态势特征的案例匹配推荐、沉浸式全息战场态势呈现与交互等技术,构建基于网络的筹划作业环境,支持数据共享,将战役级、战术级以及战斗级任务规划系统连接起来,各级、各种任务规划系统在网络协同的基础上完成各自的任务规划内容,实现整个作战任务的分层规划,各类作战单元能够深度联合、高效实时联动。

(2)指挥控制将向智能认知、智能预测方向发展。围绕作战任务流程,将突破基于认知计算的态势深层认知理解、基于平行仿真的态势推演预测、基于智能博弈的方案推演评估及优化、无人作战集群智能指挥控制等技术,构建以知识为中心、信息主导的智能指挥体系架构,面向指挥员提供战场态势辅助认知和预测、任务规划决策建议和优化、智能对抗作战实验分析等智能化支持。

(3)指挥控制将向人机智能交互、智能决策方向发展。将突破基于量子计算的大样本博弈学习、基于脑机互联的作战指挥意念控制、指挥人员意图的机器理解等技术,通过人—机互连的自然交互方式,形成全维战场要素互联、互通,实现混合智能作战,从而颠覆传统以人为主的指挥决策模式,用机器大脑延伸指挥员人脑,实现指挥决策科学性和效率飞跃式提升。

3.2.2.5 智能信息对抗

信息对抗将向"人机一体、智能化、无人化、自主化"的灵敏行动控制方向发展,作战单元需根据实时战场情境,对自身行为进行自主调整,多个作战单元间能够按需共享信息并根据目标动态、任务调整,实现作战单元间的自主协同、引导、协调一致地实施作战行动,具体表现为以下几个方面。

(1)信息对抗体系向"监、防、控"多维一体的攻防方向发展。面向监测预警、多维防御、时敏网络攻击的需求,将突破信息智能欺骗、网络攻击监测与威胁预警、网络智能定向攻击、基于认知的安全免疫等关键技术,并重点发展定向能武器、动能武器、无人化武器、网络空间武器等具有智能化特征的新型武器装备,形成全方位预警、主动化防御、认知型对抗能力,进而形成对敌战场关键军事电子信息系统的综合对抗与体系破击能力。

(2)信息对抗体系向人体一体、智能化的方向发展。将通过突破网络态势预测、智能无线网络攻击、电磁频谱自主认知和自适应等关键技术,构建具备网电空间高效认知与科学利用能力的网电空间攻击与防御体系,创新发展新概念的网电信息武器,提供虚实空间精准实时一体化构建、人机物目标与环境自演化渗透、网络电磁空间资源可控性能力,实现自动调度、统一控制、动态投送攻击的网电智能攻击与防御。

(3)信息对抗体系向无人化、自主化的方向发展。将以机器智能和人机混合智能科技创新为引擎,基于协同感知、深度学习等技术,突破战场网电威胁联合告警、基于全息机制和机器学习的数据链智能抗攻击、非授权无线接入与渗透攻击、侦扰通一体化数据链传输对抗等技术,通过重点发展面向无人的机间/武协数据链的舒特式新型攻击武器,建立网电空间智能攻击与防御体系,形成全方位预警、主动化防御和认知型对抗能力,实现由网络电磁认知体系化攻防,向预构战场主导博弈的自主对抗逐步演进。

3.3 重点装备

3.3.1 韧性信息基础设施装备

韧性信息基础设施装备主要由泛在通信网络装备、统一时空基准装备、信息共享服务装备、动态安全防御装备和智慧运维管理装备组成,如图3-2所示。

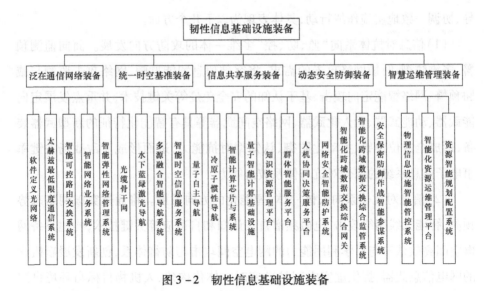

图 3-2 韧性信息基础设施装备

1. 泛在通信网络装备

装备主要由软件定义光网络、太赫兹最低限度通信系统、智能可控路由交换系统、智能网络业务系统、智能弹性网络管理系统、光缆骨干网等组成，提供广域覆盖、全域机动、跨网融合、随遇接入的通信传输能力，可连通全军各级指挥机构与各类作战要素，支持陆、海、空、天各类用户认知随遇接入，实现各类作战资源联网与信息跨域协同共享，提供网络资源动态协同调度、智能融合通信业务、精细化服务保障等能力，有效保障在全球战略利益区域实施多样化军事任务的资源高效联网和综合信息通信。

2. 统一时空基准装备

着眼于未来战场高效智能、可靠便携的实际应用需求，统一时空基准装备主要由水下蓝绿激光导航、多源融合智能导航系统、智能时空信息服务系统、量子自主导航和冷原子惯性导航等组成，通过全面建设下一代卫星导航系统，形成智能化获取时空信息服务的能力；开展新型时空终端研制，同步研究量子导航颠覆性技术，实现终端智能化、多源化、微型化、自主化，服务水平达到室内米级、水下百米级、深空千米级，全面满足我军各类场景时空信息应用需求。

3. 信息服务共享装备

面向支撑一体化联合作战的智能信息共享与服务需求，以形成适应军事智能化建设需要的信息共享环境为目标,信息服务共享装备主要由智能计算芯片与系统、量子智能计算基础设施、知识资源管理平台、群体智能服务平台和人机协同决策服务平台等组成,通过建设高效能的智能计算基础设施,提升计算存储基础设施对智能化军事应用的服务支撑能力;通过构建知识管理及运用平台,形成从大数据到知识、从知识到决策的能力,支撑军事智能化发展。

4. 动态安全防御装备

为更加有效防范敌对势力网络侦察窃密和渗透,更加有效应对人工智能系统面临的干扰对抗、无线入侵、非法控制等威胁,动态安全防御装备主要由网络安全智能防护系统、智能化跨域数据交换综合网关、智能化跨域数据交换综合监管系统、安全保密防御作战智能参谋系统等组成,支撑打造态势智能感知、力量体系联动、结构动态捷变、技术高效融合的安全保密体系,用于满足无人化、智能化网络攻击态势下的安全防御需求,有效保障我军基础网络安全运行、信息系统安全应用、信息资源安全共享。

5. 智慧运维管理装备

为实现对基础资源、服务资源、业务应用等方面的一体化智能管控,智慧运维管理装备主要由物理信息设施智能管控系统、智能化资源运维管理平台和资源智能规划配置系统等组成,提供多源态势全局感知、运维故障智能处理、基础资源动态调配的运维支撑能力,通过标准化的接口、模型、流程和功能,实施分专业或者跨专业的各类监控、分析、评估、规划、调度、管控等管理行为,实现网络和电磁空间态势自感知、自配置、资源自适应、故障自恢复、网络自重构等自主化、智能化管理。

3.3.2 灵敏探测感知装备

灵敏探测感知装备主要由陆基探测感知装备、海基探测感知装备、空基探测感知装备、天基探测感知装备和情报探测处理系统等组成,如图3-3所示。

1. 陆基探测感知装备

重点实现对空、对天的情报侦察和预警探测,面向未来智能化作战,陆基探测感知装备主要由反导反隐身雷达、太赫兹雷达、单兵便携多功能智能侦测装

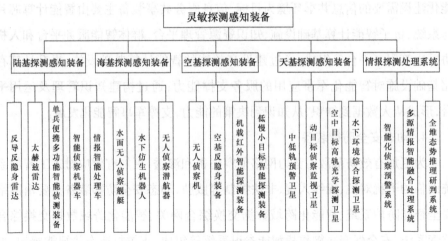

图3-3 灵敏探测装备组成

备、智能侦察机器车和情报智能处理车等组成,推进实现多阵地灵活高效组网、一体化侦控。

2. 海基探测感知装备

重点实现对海、对空的情报侦察和预警探测,面向未来智能化作战,海基探测感知装备主要由水面无人侦察舰艇、水下仿生机器人、无人侦察潜航器等组成。

3. 空基探测感知装备

重点实现对地、对海、对空的情报侦察和预警探测,面向未来智能化作战,空基探测感知装备主要由无人侦察机、空基反隐身装备、机载红外智能探测装备和低慢小目标智能探测装备等组成。

4. 天基探测感知装备

重点实现对地、对海、对空、对天的情报侦察和预警探测,面向未来智能化作战,天基探测感知装备主要由中低轨预警卫星、动目标侦察监视卫星、空中目标高轨光学探测卫星、水下环境综合探测卫星等组成。

5. 情报探测处理系统

通过网络接入各种传感器并完成情报信息融合处理、任务规划等功能的信息系统,面向未来智能化作战,主要由智能化侦察预警系统、多源情报智能融合处理系统、全维态势推理研判系统等组成,形成陆、海、空、天、网一体协同探测感知、目标智能分析识别、情报主动推送共享的战场全维透视能力,实现对战场态势下情报特征表达、规律发现以及目标活动深层次分析预测。

3.3.3 智能指挥控制装备

智能指挥控制装备主要由智能作战指挥决策装备和智能作战行动控制装备组成,如图3-4所示。

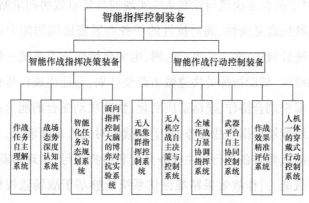

图3-4 智能指挥控制装备组成

1. 智能作战指挥决策装备

为全面提升制订作战计划的效率,提高应对突发情况的临机处置能力,智能作战指挥决策装备主要由作战任务自主理解系统、战场态势深度认知系统、智能化任务动态规划系统和面向指挥控制大脑的博弈对抗实验系统等组成,面向指挥员提供战场态势辅助认知和预测、任务规划决策建议和优化、智能对抗作战实验分析等智能化支持。其中:作战任务自主理解系统主要针对联合作战任务进行自主分析和分解,形成作战任务清单,辅助指挥员对作战任务的理解;战场态势深度认知系统主要针对联合战场态势进行深度分析和趋势预测,对敌方意图进行判断,形成情况综合研判结论,提高指挥员对战场态势的认知;智能化任务动态规划系统主要针对联合作战中,作战兵力和作战目标进行选择和分配,并开展推演评估,支撑指挥员遂行拟制作战计划的需求;面向指挥控制大脑的博弈对抗实验系统主要面向态势推演预测、方案推演评估等指控大脑功能的实现需求,解决智能指控发展面临的缺乏作战样本数据和智能算法验证评价手段的瓶颈问题。

2. 智能作战行动控制装备

着眼未来智能作战中作战行动准确、实时、高效、快速、精准的需求,智能作战行动控制装备主要由无人机集群指挥控制系统、无人机空战自主决策与控制系统、全域作战力量协调指挥系统、武器平台自主协同控制系统、作战效果精准评估系统和人机一体的穿戴式行动控制系统等组成。其中:无人机集群指挥控制系统、无人机空战自主决策与控制系统实现使具备有效协同策略的无人机集群编队可形成胜任高复杂性、高对抗性的任务而紧密协同的能力;全域作战力量协调指挥系统针对陆、海、空、火、天、网、电等全域作战力量统一指挥需求,基于作战规则和模型,辅助指挥员快速做出调整计划,智能生成作战指令,提升全域作战力量间紧密耦合协作、灵活适应变化、快速联动配合的能力;武器平台自主协同控制系统能够根据作战任务,基于作战云对无人水面舰艇、无人机、战术导弹等多类主战武器装备进行自主任务分配和指挥引导,实现多新质主战装备自主协同的作战能力;作战效果精准评估系统能够基于战场监视数据,对作战效果进行全面评估、客观总结和任意回放,提升指挥员对作战效果的掌控能力,并辅助增强指挥员的分析和决策水平;人机一体的穿戴式行动控制系统丰富指战人员对战场的感知、认知手段,提供自然高效的人机交能力,支持沉浸式全息态势展现、动态实时战场环境现实增强,延伸作战人员的感知极限,提高指战人员遂行作战任务的效率。

3.3.4 智能信息对抗装备

智能信息对抗装备主要由智能电子对抗装备和新型作战武器装备组成,如图 3-5 所示。

1. 智能电子对抗装备

为形成对敌高效、敏捷、智能的信息对抗能力,智能电子对抗装备主要由认知电子对抗系统、无人机蜂群对抗系统、智能侦察和灵巧干扰装备、超光谱侦察卫星激光干扰系统、无人机载光电对抗装备和高能激光拒止装备等通信对抗、雷达对抗和光电对抗的三方面装备组成,为我军掌握准确战场态势、开展干扰

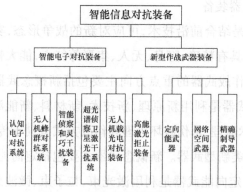

图 3-5 智能信息对抗装备组成

引导与干扰对抗提供手段,持续提升装备的体系化、智能化对抗能力。其中:认知电子对抗系统研究多维环境感知以及干扰智能决策与学习两大问题,利用基于系统辨识的目标行为分析及预测、基于多目标优化的干扰优化等认知技术,快速分析目标特点,快速优化产生干扰策略,在面临新的复杂电磁环境时,辅助作战人员快速适应该环境,大大提高作战时效性;无人机蜂群对抗系统通过模拟自然界中的生物集群智能行为机制,针对未来无人集群电磁作战形态特点,开展基于微型平台的无人群体电子对抗技术研究,突破未知环境、低信息交互条件下自主感知、个体智能决策、群体动态博弈、行为特征认知、群体化电磁频谱控制和载荷小型化等关键技术研究,实现电子战装备向微型群体化的新型形态拓展;智能侦察和灵巧干扰装备是指对新体制机载相控阵雷达的对抗装备、对隐身战机的雷达对抗装备和对超高速飞行器的对抗装备;超光谱侦察卫星激光干扰系统是以高能固体激光器为干扰源,基于单光源激光器对其超光谱侦察载荷实施全谱段连续干扰及损伤,瘫痪敌方天基超光谱侦察系统,破坏敌方空天侦察及监视链条,维护信息安全;无人机载光电对抗装备重点突破强地空杂波以及天空背景下目标探测识别、高分辨率/高灵敏度红外光学成像、信息高速处理与目标背景红外特征识别等关键技术,满足区域电子防空对多种来袭目标远距离侦察引导的迫切需求;高能激光拒止装备以强敌信息支援条件下的海空联合作战为背景,针对外军精确打击体系关键信息节点,实现远距离对人员/传感器干扰,中距离对传感器及光学系统致眩/损伤,近距离引导火力单元对精确制导武器硬杀伤。

2. 新型作战武器装备

新型作战武器是结合前沿技术,可应对新的战争形态,实现陆、海、空、天、网、电等多域作战,具有精确、隐身、无人、集群等特点,能大幅度提高作战效能的一类武器。新型作战武器的重点方向主要包括新概念武器和精确制导武器等。其中,新概念武器是利用新原理、新技术、新材料、新能源和新设计思想发展研制,在基本技术原理、杀伤破坏机理和作战方式有别于传统武器,能大幅度提升作战效能的一类新型武器。新概念武器主要包括定向能武器、动能武器和网络空间武器等。定向能武器是利用激光束、粒子束、微波束、等离子束、声波束等束能,产生高温、电离、辐射、声波等综合效应,采取束的形式向一定方向发射,用以摧毁或损伤目标的武器系统;动能武器是指通过发射能够制导的超高速弹头,以其整体或爆炸碎片击毁目标的武器。这种类型武器是以大功率脉冲能源为核心,突破了常规火炮系统发射炮弹的速度极限;网络空间武器是以夺取和保持信息优势为目的的,攻击敌方信息系统和网络,同时确保己方信息系统和信息安全的有效而关键的非致命性武器,如"网络弹药"跨网攻击、心理战系统等。精确制导武器是利用高精度的探测、控制、制导技术以实现从复杂环境中探测识别及跟踪打击目标的高精度武器装备。

3.4 关键技术

前瞻世界新军事革命未来变革和人工智能技术发展趋势,需以加快人工智能技术与电子信息领域深度融合为主线,需要重点发展支撑韧性基础设施中泛在通信网络装备、统一时空基准装备、信息共享服务装备、动态安全防御装备和智慧运维管理装备发展的新概念通信网络技术、军用区块链技术、无人作战群自主信息网络技术、多源融合自主智能导航技术、类脑信息处理技术、量子密钥分发设计与安全性测试评估技术、类生物免疫的网络安全主动防御技术、智能运维管理技术等前沿高新技术;重点发展支撑灵敏探测感知装备发展的太赫兹反隐身雷达技术、量子探测技术、无人群智能体自主探测技术、大数据情报智能分析技术、基于深度学习的目标群体行动意图识别技术等前沿高新技术;重点发展支撑智能指挥控制装备发展的知识驱动的智能化辅助决策技术、武器平台自主协同与智能控制技术等;重点发展支撑智能信息对抗装备发展的网电空间脆弱性智能分析与利用技术和基于虚拟/增强现实的人机交互技术等前沿高新技术,打牢电子信息领域智能化发展技术基础,抓好成果推广和深度应用,力争在未来军事竞争中赢得战略主动。

3.4.1 韧性基础设施与支撑技术

前瞻世界新军事革命未来变革和人工智能技术发展趋势,以加快人工智能技术与电子信息基础设施领域深度融合为主线,重点发展新概念通信网络技术、军用区块链技术、无人作战群自主信息网络技术、多源融合自主智能导航技术和类脑信息处理技术,形成全域覆盖、泛在互联、敏捷重构、随遇接入、时空统一、安全可信的泛在网络支撑能力;重点发展量子密钥分发设计与安全性测试评估技术和类生物免疫的网络安全主动防御技术,形成可信密码保障、统一信任服务、敏捷弹性防护、精准态势感知、体系化协同防御的安全保密能力;重点发展智慧运维管理技术,形成面向作战任务的数据融合、关联分析、流程协同的综合保障能力。

1. 新概念通信网络技术

主要针对在通信网络方面的新概念涌现以及催生颠覆性技术的影响下,未来战争形态受颠覆性技术驱动发生变革等问题,开展新的传播介质、通信传播机理、信息论新理论新方法、突破香农信道传输容量的通信网络实现技术等研究,瞄准前瞻性、颠覆性,提出通信网络领域具有原创性的基础理论、方法和技术,探索发现新型传播媒介,研究新的通信传播机理、信道编码方法和系统实现技术等,实现通信网络技术颠覆性创新,为未来军事信息网络跨越式创新发展提供基础支撑。

2. 军用区块链技术

主要面向军用环境大规模、高对抗、快速协同等需求特点,针对区块链技术的安全缺陷和效能不足问题,开展基于区块链的分布式身份管理、军事数据安全共享和分布式协同安全与可信环境构建技术,高吞吐量、鲁棒和低能耗的战场区块链技术,以及区块链系统脆弱性分析和安全增强技术等研究,探索区块链技术在分布式身份管理、数据共享、作战协同等方向的应用方法。

3. 无人作战群自主信息网络技术

主要针对未来信息化战争中无人平台任务领域不断扩大、作战能力不断提高和作用日趋突显的背景下，无人平台间大容量宽带通信、大规模无人平台（蜂群等）分布式自主组网、无人节点协同感知网络、基于网络的人机协同控制等基础性问题，开展无人平台间的高效大容量传输基础理论与方法、大规模无人平台自主组网基础理论与方法、无人平台协同感知网络基础理论与方法、基于网络的人机协同控制和无人多平台协同控制基础理论与方法等研究，支撑无人平台间信息快速交互处理，实现多平台宽带互联组网与协同控制的最优化，为提升无人平台的作战能力提供网络化支撑。

4. 多源融合自主智能导航技术

为应对 GPS 因故障、敌对打击或干扰等原因无法提供服务的情形，以芯片级高精度惯性器件与原子钟为基础，结合 GPS、磁罗盘、气压计、雷达、地理测绘等多种传感器获取的信息进行多源信息融合，并采用多敏感器导航滤波、多敏感器融合和图像/惯性组合导航、量子自主导航、冷原子惯性导航和脉冲星导航等技术，实现基于融合信息的智能辅助导航，提高导航精度、可靠性和抗干扰能力。

5. 类脑信息处理技术

借助脑神经机制和认知行为机制，实现具有高度协同视觉、听觉、触觉、知识推理等多模态认知能力的信息处理，主要用于解决现有信息处理技术需要依赖大量标记样本、效率较低，以及以离线学习为代表的信息处理技术环境迁移和自适应能力较差的问题。

6. 量子密钥分发设计与安全性测试评估技术

主要针对实际 QKD 系统中存在诸多与安全模型不符的非理想因素，QKD系统安全成码率低、光纤传输距离不远、实用化量子中继技术尚未突破、量子信道和经典信道未同纤共用、量子密钥系统安全性测试评估缺乏标准和专用工具手段支撑等问题，开展实用化量子中继技术、高成码率量子密钥分发技术、天地广域量子密钥分发技术、高服务效率路由策略理论、量子密钥分发网络管控模型、波分复用与共纤传输的路由交换技术、量子器件的关键特性监控技术、量子器件的非理想性对实际安全性影响的评估、连续变量量子密钥分配理论安全分析、实用化量子密钥分发系统综合安全评估理论等研究,为量子密钥分发装备研制和安全测评奠定技术基础。

7. 类生物免疫的网络安全主动防御技术

主要针对当前网络安全防御打补丁式加固手段导致的网络安全防御滞后于攻击,基于已知特征和规则的检测技术难以识别未知威胁,网络系统需要人为配置安全策略、加载补丁,缺乏自适应、自学习能力等问题,开展类生物免疫识别的未知威胁检测、类生物免疫应答的动态协同防御、类生物免疫调节的网络安全稳态、类生物免疫预防的主动防御策略等研究,利用生物免疫机制构建具有主动防御能力的网络空间安全体系,在计算、存储、网络各层面建立固有免疫、适应性免疫和种群多样性免疫机制,提升网络安全防御体系在对抗环境下的自我进化和主动防御能力。

8. 智慧运维管理技术

对组成智能网络信息基础设施的各类通信网络、信息服务、安全保密、系统和频谱等基础设施,通过标准化的接口、模型、流程和功能,实施分专业或者跨专业的各类监控、分析、评估、规划、调度、管控等管理行为,实现网络空间态势自感知、自配置、资源自适应、故障自恢复、网络自重构等自主化、智能化管理能力。

3.4.2 灵敏探测感知装备支撑技术

为重点解决全球大范围、持续预警监视和新型威胁目标探测感知手段缺乏,战场环境探测精度和广度低等侦察预警短板弱项,重点发展太赫兹反隐身雷达技术、量子探测技术、无人群智能体自主探测技术、大数据情报智能分析技术,支撑实现多传感器智能协同、无人自主侦察监视、多源情报智能处理和精准态势预测等全域态势感知能力。

1. 太赫兹反隐身雷达技术

面向反隐身装备实施精确打击的高精度信息获取需求,开展基于平台的太赫兹反隐身雷达总体技术研究,重点突破高集成低功耗太赫兹雷达架构设计、高功率小型化太赫兹辐射源、常温高灵敏太赫兹探测、低成本高可靠太赫兹天线、太赫兹雷达抗干扰等技术,提升太赫兹雷达在反隐身作战中的制导应用和精确打击能力。

2. 量子探测技术

面向强杂波、强干扰等复杂环境下的探测感知问题,将量子信息技术引入经典雷达探测领域,重点研究高亮度纠缠光子态产生与传输模型、纠缠态量子成像探测理论、压缩态真空注入、基于量子纠缠的探测噪声分析与最优检测、高量子效率单光子阵列接收等技术,解决传统雷达在探测感知领域的技术瓶颈,提升系统综合性能。

3. 无人群智能体自主探测技术

主要针对临近空间、地面、水面、水下和空中无人作战系统的发展需求下的无人集群自主探测系统基础理论与方法相关问题,开展无人群智能体自主探测系统基础理论与方法、水面水下无人作战集群探测与作战控制、无人平台复杂环境探测感知等基础技术研究,发展与各类无人平台能力相适应的感知手段,强化复杂战场环境下多模式、多功能的应用能力。

4. 大数据情报智能分析技术

主要针对跨空间、跨平台大数据信息非合作、数据噪声多、有效内容稀疏等特征,造成通用智能技术无法直接应用于情报领域的问题,深化大差异数据基础情报模型研究,开展跨虚实空间的大数据情报发现感知、多媒体情报理解认知、情报知识图谱构建、多元异构信息关联融合、情报线索深度挖掘与追溯等算法设计与优化,突破多语种机器翻译、情报动态模拟推演、目标智能认知等智能化情报分析基础技术,推动大数据情报智能分析能力提升。

3.4.3 智能指挥控制装备支撑技术

为重点解决综合态势研判能力低、辅助筹划决策智能水平不高、临机规划能力有限等指挥控制短板弱项,着力突破基于深度学习的目标群体行动意图识别技术、知识驱动的智能化辅助决策技术、武器装备自主协同与智能控制技术和博弈对抗推演的方案验证及优化技术,支撑形成跨域协同、智能决策的智能指挥决策能力。

1. 基于深度学习的目标群体行动意图识别技术

针对战场态势图上敌方兵力群行动意图判断困难问题，基于对群体性目标行动样式的深度学习，实现自动识别战场任务共同体构成以及任务行动类型，为指挥员生成更加清晰、凝练的态势图，便于指挥员快速理解战场上发生的敌我作战活动。针对海量情报信息挖掘和征候预测困难问题，研究特征表示、分析建模、征候预测等方法技术，形成情报数据的分布式特征表征、从少数样本中集中学习数据集本质特征等能力。

2. 知识驱动的智能化辅助决策技术

基于人工智能等技术，将专家知识和经验，以及训练、演习和实战中的各种统计数据、历史案例、计划方案、经验教训等总结、提炼为知识，形成规则，存入计算机，建立推理机制，支撑目标情报处理、作战行动筹划和联合火力规划等活动。因此，面向未来智能化辅助决策的需求，研究知识的构建方法，以及运用知识提升辅助决策智能化水平的方法。

3. 武器平台自主协同与智能控制技术

主要针对联合作战模式下高效能多武器平台体系对抗发展的需求，武器平台智能体高自主作战和强协同集群作战理论、有人/无人平台智能协同方法、武器平台自主规划与交战控制等问题，开展智能交战决策与控制技术、平台对抗博弈与评估方法、新概念平台构建等研究，支撑实现"智慧维"武器平台对抗，快速提升武器平台的自主协同作战能力，构建基于数据链/战术子网的编队/战术分队体系作战样式，满足智能时代战争需求。

4. 博弈对抗推演的方案验证及优化技术

目前，缺少验证评估作战方案的有效手段。传统的专家打分方法可信度受质疑。已有的计划推演功能忽略博弈对抗不确定性，主要用于冲突检测。对方案优选优化提供量化支撑，是作战筹划人员的迫切需求。重点突破博弈对抗规则智能建模、多分支方案推演控制、大样本推演实验数据分析评估等关键技术，实现在方案限定范围内开展大样本实验，充分推演博弈对抗及各种不确定因素带来的多种可能行动过程和结果，评估方案的平均效能、分析问题隐患并支撑优化设计。

3.4.4 智能信息对抗装备支撑技术

为重点解决网络监测、攻击联动协同能力不足,电子对抗体系手段弱以及水下攻防水平低等短板弱项,着力突破网电空间脆弱性智能分析与利用技术、基于虚拟/增强现实的人机交互技术,为诸军兵种作战部队及武器协调一致、跨域联合作战提供支撑。

1. 网电空间脆弱性智能分析与利用技术

针对漏洞挖掘存在误报率高、状态爆炸、效率低等问题,研究适合于机器学习的软件表示方法、适用于静态挖掘的深度学习方法、适用于动态挖掘的增强学习方法、多方法智能融合算法等,重点突破真实场景中的智能模型对抗学习关键技术,完善智能对抗的检测与态势分析技术,建立智能模型对抗鲁棒性理论,构建面向强对抗的智能学习框架,实现军事智能对抗仿真验证,推动人工智能与脆弱性分析学科的融合。

2. 基于虚拟/增强现实的人机交互技术

将虚拟现实/增强现实与指挥作战应用相结合的技术,可应用于各级各类指挥所系统以及战术作战单元指控系统中,可支撑实现沉浸式全息态势展现,自然高效的人机交互,动态实时战场环境现实增强,延伸作战人员的感知极限,从而实时掌握瞬息万变的战场态势最新情况,增强战场感认知能力,提高指挥控制的效率,保证作战任务的及时完成,可有效提升指挥员理解态势和协商研讨效率。

3.5 发展影响

在信息技术逐步进入成熟期后,人工智能技术应运而生,并逐步进入高速增长期,在信息基础设施、探测感知、指挥决策、行动控制和支援保障等军事电子信息领域进行融合并取得重大进展。前瞻世界军事技术最新发展脉搏,前沿科学技术的产生与发展必将进一步推动我军建设和战斗力提升,催生战争形态演进、变革军队组织形态、创新作战方法、牵引电子信息系统装备能力发展。

3.5.1　催化战争形态演进

随着大数据、云计算、人工智能等现代科学技术的发展,将使未来战争更趋复杂、多变,更加迷雾重重:战争进程显著加快,战况稍纵即变,对决策速度要求快;作战力量多元一体、作战空间大幅拓展,对作战筹划和战局掌控要求高。只有提高作战体系的智能化程度,先敌作出决策判断,才能把握战争态势、形成战场优势。智力将成为最关键的制胜要素,局面越复杂,变化越迅速,越能体现其重要性。世界科技正酝酿着新突破的发展格局:以人机大战为标志,人工智能发展取得突破性重大进展,并加速向军事领域转移,这必将对信息化战争形态产生冲击甚至颠覆性影响,高度自主和智能化的机器人将加速推动战争从有人作战向无人作战转变。智能技术变革性发展将改变基于军事电子信息系统的作战能力生成模式,通过泛在设施和智能互联支持战斗力全球可达,融合人类智慧和机器认知增强节点感知、决策、打击、保障能力,支撑作战能力的灵活重组、体系赋能,从而催生信息化战争从以网聚能上升到以智驭能,使得战争形态将向以智能为主要特征的高阶战争演进,具备更加透彻的感知、更加高效的指挥、更加精确的打击和更加自由的互联。

(1)信息调动物质、能量,而智能调动物质、能量和信息,智能相比信息更加具有优势。

(2)武器装备从迁移人的体能、技能向智能迈进,各类型战场武器跨物理、网电、意识等空间实施自主协同战术行动,进行精确打击。

(3)战争空间多维、力量多元、样式多样、节奏加快趋势突出,基于(超)人工智能的武器平台,包括无人机、无人艇、无人战车、机器人等,是战场的核心元素,通过脑机互联形式辅助智能作战。

3.5.2　创新作战样式,变革军队组织形态

智能化电子信息装备的发展催化信息化战争向智能化战争演进,相比于信息化战争,智能化战争作战更加强调体系化,并衍生新的作战样式。其中,获取网络空间优势仍可能是在其他领域成功实施军事行动的先决制权;"舆论攻击"

和"心理打击"将全时域、无孔不入;太空、临近空间将成为谋求军事优势的战略制高点;水下特别是深海作战重要性将越来越强;等等。随着大数据、云计算、人工智能等技术的发展,各类作战空间将趋于更加紧密、各类作战力量的联合也更加一体。但无论是人机结合,还是机器与机器相结合的智能化集群,都可以在更高层次提高攻击力度,实现集群的去中心化及抗毁性,保证行动的更加自主化,由此必然带来其战法创新空间的极大拓展甚至革命性变化。

编制体制最重要的功能是实现人与武器的有机结合,以形成强大战斗力。在军事电子信息装备体系,随着智能技术的到来,也必然使人与电子信息装备的结合发生根本改变。一方面,无人机编组、无人潜航器编组、机器人士兵编组必然走上战场;另一方面,无人与有人作战单元的协同编组,也将导致各类"混搭式"新型作战力量不断涌现。随着军事物联网、军用大数据、云计算技术在军事信息领域的应用,诸如"云端大脑""数字参谋""虚拟物流"等智能化电子信息装备形态出现。诸如此类的变化,必然使军队规模更趋小型化、灵巧化。作战力量编成则更加模块化、一体化,主要表现为各作战单元可以根据作战需要适时适地无缝链接;传统的军种体制将进一步转向系统集成。

3.5.3 牵引电子信息装备能力发展

智能化战争技术脱胎于信息技术,又远远高于信息技术,大数据、云计算、人工智能等前沿技术同电子信息装备的深度融合,必将使电子信息装备发展更加异彩纷呈,诸如指挥控制人机协作、人体机能增强改良、脑联网等技术,都将催生相应的智能化装备,从而牵引电子信息装备向泛在互联、智慧服务、弹性适变和安全免疫等能力发展。

泛在互联能力:体现"网络中心"的理念,是指在恰当的时间和地点,在统一的身份认证和安全管理下,任何作战人员、武器平台和物资都能无障碍的通信并便捷的交换信息,突出物理域、信息域、认知域、社会域泛在互连,要求系统具备陆、海、空、天、电磁空间的高时敏、高带宽、高可靠的,无处不在的网络覆盖能力,支撑各级作战人员在任何时间、任何地点随遇接入网络,保障"人—机—物"有机融合的系统的安全高效运行。

智慧服务能力：在充分联网的前提下使得系统能够实现知识的获取、分类、推理、应用及更新能力，并能为智能化的情报支援、指挥决策、武器控制、后勤保障等提供支持，要求系统具备智能化的信息关联、情报分发、知识运用等情报支援能力，方案推演、决策分析等指挥决策能力，无人化的、高度自主决策的武器控制能力以及基于物联网的智能化、知识化的采购、运输、部署分发、工程维护等后勤保障能力。

弹性适变能力：通信网络能够即时可变、计算与服务资源灵活重组，提升面对打击的抗毁能力和面对多样任务的自适应能力，从而保障系统的持续有效运行，要求系统能够根据外界环境变化而进行通信网络、计算服务等资源的即时可变、即时重构，并可根据多样任务的变化而进行自主适配、动态调整的能力，提高资源的灵活重组、能力的按需配置，保证体系效能的最大化。

安全免疫能力：通过采用"内生式"体系安全生成机制，替代叠加式系统安全防护设计和被动防御方法，构建新一代安全防护体系，实现体系可信、主动防御和自我演进。要求具备主动防御能力，通过伪装取证、攻击检测、追踪溯源、攻击反制等对抗手段，形成入侵预警、态势生成、攻击容忍、系统自愈的主动防御，并可通过体系自我学习，对不断出现的未知新威胁进行认知识别，实现体系安全防护能力自我演进。

第4章 智能化保障装备

本章首先界定了智能化保障装备概念内涵和发展需求,分别论述了保障系统和保障装备的研究现状和发展趋势,接着重点论述了智能化保障系统和智能化保障装备,以及保障智能筹划、保障协同投送等技术的发展情况,最后分析其对军事作战的影响。

4.1 概念内涵与发展需求

4.1.1 概念理解

保障是指军队为遂行各种任务而采取的各种保证性措施和进行的相应活动的统称。

保障装备是军队用于实施作战保障和技术保障的装备,是以信息化条件下作战需求为牵引,以信息系统为支撑,运用综合集成的方法,实现各种保障资源的优化配置、各类保障力量的整体运用以及各种保障行动的精确实施。

智能化保障装备是指综合运用物联网、大数据、人工智能等前沿创新技术,重点突破保障需求实时感知、保障任务智能筹划、保障配送精确定向、保障行动全程管控等保障业务,提供"灵敏感知、智能筹划、全域动员、精准配送"的智能化、协同化保障能力,支撑一体化联合作战的保障力量快速抽组和保障行动高效实施的装备。

4.1.2 主要特征

智能化保障装备以"智慧+行动"为基本模型,利用信息系统处理业务、运用大数据支持决策、通过智能保障装备执行任务、依托信息网络协同行动,总体呈现以下特征。

（1）保障自主化。通过传感网络自动感知战场环境和保障态势，自动感知保障需求并预判变化，自动感知各类保障资源实时状况。在通常情况下，依据既定的保障标准和策略，由系统自动计算生成保障方案、自动匹配相关资源、智能分配保障任务、自适应协调保障行动、智能评估保障效果、形成自主保障常态机制，减少人工干预，提高保障时效，更好适应现代战争要求。

（2）筹划智慧化。智能获取保障需求和保障资源等信息，自动汇聚后勤大数据，形成保障知识库，通过自然语言处理、机器学习、类脑计算等智能技术对海量保障数据和信息进行保障知识化融合和推演处理，支撑一体化联合作战的保障力量快速抽组、保障计划智能筹划、保障装备远程维修、保障行动高效实施。

（3）装备自动化。大量智能保障装备、无人机器装配部队，传统保障装备加装信息接口，关键基础设施铺设保障感知设备，保障物资器材加装电子标签，作战装备也具有油料、弹药消耗等传感装置，能够自动采集、传递、接收数据，具有自动感知、自主运算、自动控制、自主执行等功能。

（4）人机一体化。通过人机自然交互等方式，把人的决策意图、系统的数据处理、机器的自动执行有机结合起来，打通从保障决心到保障行动的各个环节。保障装备在智能化保障的各环节拥有充分的情报数据信息、高效的计算模型，能依据数据和系统快速判断、快速决策，从而高效衔接各保障环节与行动，让前方留给保障的有限时间，更多地用在服务保障行动上。

（5）运用精确化。将业务流程、标准规范固化在智能化保障系统中，用系统自动匹配需求与资源、自动协同保障行动、实时调控保障过程，形成信息主导、流程驱动的机制模式，支撑保障决策、指挥和行动等保障环节一体联动，实现信息、物资、器材的快速调遣和精确使用，对装备实施及时、精确的保障，满足信息化条件下装备高强度、高速度、高消耗、快速机动的保障要求。

4.1.3 组成结构

智能化保障装备提供将人员、物资、装备、信息资源按质按量送达保障部队能力，支撑实现联合作战力量能在恰当的时间、恰当的地点得到恰当数量的保障物资。从装备的系统层面和硬件实体层面,研究并提出智能化保障装备的组成结构,主要包括智能化保障系统和智能化保障设备,组成结构如图4-1所示。

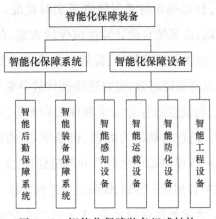

图4-1 智能化保障装备组成结构

1. 智能化保障系统

智能化保障系统面向支撑一体化联合作战的保障需求,重点发展智能后勤保障系统和智能装备保障系统等联合支援保障类信息系统,建立资源可视掌握、需求实时预测、保障智能筹划、行动全程调控的军地一体支援保障体系,支撑平时统筹规划、战时协同联动、战试训一体推演训练,确保综合保障的精准聚焦。

2. 智能化保障设备

智能化保障设备重视保障装备本身智能性能的提升,使用新材料以及人工智能、无人等新技术,重点发展智能感知设备、智能运载设备、智能防化设备、智能工程设备,支撑高机动性能伴随保障。

4.1.4 发展需求

世界科技正酝酿着新突破的发展格局,以人机大战为标志,人工智能发展取得突破性重大进展,并加速向军事领域转移,这必将对信息化战争形态产生冲击甚至"颠覆性"影响。军队保障部门为适应新时代新任务新要求,就要重视保障装备的智能化发展,整体设计、统筹推进各项保障工作由传统作业模式向智能化转进升级。

智能化战争呼唤智能化保障装备。未来战争将是智能化战争,信息化战争"以快制慢"的制胜机理将被智能化战争"以灵制笨"的制胜机理所取代,传统保障装备的"供、救、运、修"职能需要不断调整,要求保障装备必须适应智能作战发展,超前预想,聚焦前沿,推进保障装备向智能化方向发展。

高新技术催生智能化保障装备。随着云计算、物联网、大数据技术及新一代人工智能技术不断同保障装备进行深度融合,催生保障装备的智能化变革,使得保障装备能成建制地对作战部队进行精确保障,实现数据流程与保障流程无缝链接并相互驱动,支撑执行全方位遂行保障任务。

军民深度融合助力智能保障装备发展。近些年,大多数国家对智能化保障装备的关注和投入呈现迅速上升态势,智能化战争的门槛进一步降低。可以设想,在未来战场上,由于军民深度融合的强大推力,智能工程机器人、智能航天器、智能潜航器、无人驾驶战斗车辆等武器装备纷纷投入实战,迫切要求智能化保障装备具备"操作方便、实时感知和综合防护"的能力。在迅速提高保障效率的同时,有效避免后勤保障人员负伤甚至死亡所带来的各种后续费用。

智能化保障装备具有的独特作用,在近几年局部战争中已有所体现,如无人化运输车、无人机前送、战场救护机器人、炒菜机器人、无人值守洗衣车等优势明显,其应用已从传统的物资装卸搬运、战场伤员救治和运输补给等领域拓宽到核生化探测侦检、工程保障和自主加油等勤务领域,功能上由单一功能向多功能复合发展,使用空间也从地面为主向空中和水上水下拓展。可以设想,未来战场上大量机器人部队投入战斗,智能化武器充斥战场,人工智能在保障装备中会变得更有远见、更有创造性。

4.2 发展现状与发展趋势

4.2.1 发展现状

4.2.1.1 保障系统

重点从后勤保障和装备维修两方面,研究外军和我军保障系统现状,分析我军在保障装备及关键技术方面存在的差距。

1. 后勤保障系统

美军为了支撑一体化联合作战,在战略上构建信息主导、精干高效的联合保障体系,将平时建设与战时保障相结合、区域联勤和跨区衔接相结合、军队资源和地方资源统筹运用相结合、横向一体保障与纵向接力保障相结合,实现精确快速的联合保障,为应对安全威胁、遂行多样化军事任务提供有力支撑。全球作战保障系统(联合版)(GCSS-J)是美军信息技术应用程序之一,为联勤保障人员提供自动化支撑。为了提高各类资源、需求和能力的可视化,GCSS-J采用面向服务的架构,把联合后勤人员、各部门、军种、跨国单位和其他机构连接在一起,允许所有人员使用计划、实施和控制联勤保障的共享数据。它通过使用门户和基于 Web 的应用程序提供更高的可视性,可在双方的秘密互联网协议路由器网络(SIPRNET)和非密网络(NIPRNET)内使用,并提供动员、部署、使用、维持、再部署和复员的可视化操作终端。目前,美军加强综合保障有关数据的获取与处理,利用现代化的信息网络组成新的后勤支援体系,提出"联合保障"概念,在美国联合集团框架内将各军种后勤资源整合入联合后勤保障空间,包括信息空间和陆、海、空、天组成部分。

我军已经构建军人保障卡系统、被装供应系统、油料决算和装备管理系统、物资采购系统、卫生管理系统、车辆动态监控系统等后勤业务保障系统。其中,军人保障卡系统提供采集、审核、汇总、上报单位和个人的相关信息,人员信息变更、保障卡发放与补卡、后勤供应实力统计、隶属关系数据分发、实力数据共享等功能。被装供应系统编制被装预算、分项预算并对下级预算进行汇总上报,对本单位决算进行上报并审核下级决算。油料决算和装备管理系统对油料具体使用情况进行收支记录和实时统计决算,并对油料装备供应情况进行统计决算。卫生管理系统统计门诊、急诊、巡诊和体检数据;管理诊断、病情、手术、抢救等,药品种类、数量、厂家、有效期,官兵血型、传染病及卫生机构编制、现有保障人员等信息。车辆动态监控系统依托北斗卫星导航系统和移动通信、无线数据采集等技术,建立监控平台,构成全天候、全地域、全过程的车辆动态监控网络系统,具有同步授时、自主导航、定位跟踪、监控报警、调度指挥、精细管理等功能。但由于我军的保障信息系统的发展还处于独立发展的阶段中,智能化、一体化保障的研究才刚刚起步,没有形成我军的一体化保障结构体系和信息技术标准,无法将物资集中管理,满足一体化保障中信息共享、智能筹划、协同运作的需求,实现精确化的保障。

2. 装备维修系统

国外随着美国下一代自动测试系统"NxTest"计划与"敏捷快速全球作战支持"(ARGCS)演示验证系统的实施,进入21世纪后,装备维修保障的发展显现出了信息化、网络化与精确化的特点,"以产品为中心"的保障模式转变为"以数据为中心",以远程支援技术加强基层部队的维修保障。而且各级保障信息系统已经从多角度呈现出"网络化、一体化"的特征。如美国空军的"远程作战保障系统",是为推进空军保障装备转型而开发的一种基于商用现货的保障信息系统,目标是将维修、备件订购、库存管理、分发以及其他远程维修保障业务功能集成到一个平台上。该系统的试点工作已经在Hanscom空军基地和Robins空军基地开展,2012年开始在全球部署。2016年,美国MDS公司研制和生产了抗腐蚀涂层技术,主要用于燃气涡轮发动机。美国新思国际公司研发了针对间歇故障的检测与隔离系统(Intermittent Fault Detection and Isolation System,IF-DIS)。美国陆军诸兵种合成部队保障司令部的测试、测量与诊断设备研发人员完成了支持2025年及以后部队武器装备诊断任务的未来在线平台自动化测试系统的需求分析,其中维修保障装置是维修保障装置的最新版,作为未来武器装备增强型基于状态的为序数据源,并与陆军全球作战保障系统通信。诸兵种合成部队保障司令部还制定了下一代自动化测试系统的需求,可用于美国陆军的两级维修,并分配给战地和维持性维修部门。美国陆军将根据需要采购列装相应保障装备,其中包括第三代维修保障装备,同时继续推进全修作战保障系统第二阶段部署工作。美国研究人员首次发现一种能在低于冰点的超低温度下实现材料裂纹自修复的新型复合材料,可用于飞行器或卫星等的前卫增强材料部件,实现部件的在轨维修。美军为F-35战斗机开发的自主保障系统,能实时监控和获取飞机的状态数据,通过基于故障与维修知识进行机器推理,自主检测和预测故障,拟制维修保障方案,调配维修资源,提高为序保障的精确性与敏捷性。目前,装备维修系统发展重点关注提升保障装备的标准化、通用化、信息化水平,强调各种维修保障分析技术的综合,注重维修保障的动态规划技术研究,运用人工智能方法自动建立动态的保障资源规划方案,增强诊断能力、维修能力、机动能力和防护能力,满足一体化联合作战的保障需求。2016年,美国陆军发布《国防部自动化测试系统备忘录》,提出了2025年及其以后部队用现代化自动测试系统发展规划,强调开发面向未来的测试系统,具备更强的诊断能力,降低武器系统在线可更换模块故障率,提高武器装备战备水平。

我军已经构建装备维修设备普查管理系统、工化装备维修器材管理系统和车辆器材保障系统等装备维修管理系统。其中,装备维修设备普查管理系统是为全军装备维修设备普查及维修设备管理提供的信息化管理手段和技术平台,用于全军维修设备普查及维修设备管理过程中的数据采集、汇总、统计、分析及效能评估等工作。工化装备维修器材管理系统主要实现工程装备维修器材和防化装备维修器材收发、入库、调拨等工程装备维修器材管理和防化装备维修器材管理。车辆器材维修保障系统主要实现车辆数据备份、数据恢复、修改密码、安全审计、年终结转、车型维护及选用、器材目录的基础信息管理,库房盘点、器材盘点、库存变更、变更审核、接收查询等车辆计划管理、库存管理和查询统计。目前,装备维修保障系统的发展建设呈现"百花齐放、蓬勃发展"的态势,但不能对掌握的维修信息进行有效分析、评估,提取出支持作战的保障维修认知,在智能化建设和使用方面仅停留在初始发展阶段,尚未形成成熟应用案例。

4.2.1.2 保障设备

从感知类保障、防化类保障、军交类保障和工程类保障4个方面,研究外军和我军保障设备现状。

1. 感知类保障设备

在感知类设备方面,美军利用二维码标签、无线射频识别标签(RFID)、传感器、摄像头等传感技术,发展了覆盖物资、人员、设备、环境的各类预知预告装备,实现对物资的位置、人员和设备的健康状况、战场环境变化的透明感知。美军后勤物资通过设置 RFID 及其识别器、微机电自动感应器等自动识别装备,对"人员流""装备流"和"物资流"进行跟踪、指挥和控制,大大提高了军事物资保障的有效性,实现了由"储备式后勤"到"配送式后勤"的转变;DARPA 委托罗彻斯特理工学院研发的"爆炸冲击量测计",可以测量和记录爆炸冲击波震荡数据,用于作战人员任务后的健康和安全评估,以及现场检伤分类;美国海军研究实验室开发的分布式反馈激光声音发射传感器技术,能检测结构裂口的变化和周期性轻微磨损,在结构损坏到达危险程度前发出预警,从而提高基础设施的安全性和完好性;装备微处理器、导航设备和红外传感器的可移动式探测评估响应系统,具有感觉运动功能,能搜索入侵者和监视评估警戒线、围墙状态,主要用于保护野外武器库、储油区、机场等重要目标;美国 ADS 公司的 Aerostar 和 Mercury 公司研发的 VIstanav.SSR 等无人飞行器综合了无人机和遥感技术的特点,各类传感器可以快速获取地貌信息,主要用于山区管道巡检、近海油气管道监视、灾后次生灾害评价、漏油和盗油点现场定位等。

在感知类保障设备方面,我军通过设置二维码标签、RFID、油料消耗传感器、弹药消耗传感器、军人保障卡和标识牌、装备工况检测装置等末端感知设备,实现对人员、物资、装备等信息的感知采集,提升补充油料、弹药和进行装备维修的效率。但通过二维码标签、RFID 射频设备扫描等物资感知设备,实现对后勤物资信息获取和识别,目前全军仅是少数部分仓库使用,未推广应用,远未达到支撑一体化后勤建设发展的需求;且存在相关感知设备技术落后,离智能装备的能力还存在较大差距,信息收集不够及时、准确、完整,影响相关的综合保障决策效能。

2. 防化类保障设备

在防化类保障设备方面,自从化学武器、生物武器、核武器相继问世以来,防化设备也随之产生并不断发展,已逐步形成了以核生化侦察设备、防护设备、洗消设备以及烟火设备等为主的防化设备体系。

核生化侦察设备是战时针对核生化武器而使用的,进行快速侦察、化验、报警、标示染毒区的设备。目前以德国生产的"狐"式防化装甲侦察车最为先进,该车装有可测核辐射的剂量仪和探测毒物的质谱仪,能够快速、大面积地进行核武器、化学武器和生物武器的效应侦察、测算。美军也从联邦德国购买了这种侦察车,并配备 XM21 型遥感式毒剂报警装配到该车上,能 24h 无人看管自动测出 1km 范围以内的毒剂并报警;iRobot 公司的 iRobot 510 核生化侦察机器人安装了化学战剂、危险气体及放射性物质探测用传感器组,并配置在机械臂上用于核生化污染的侦测和可疑物品的搜寻;美军 M1135 核生化侦察车(NB-

CRV)可自动将来自探测器的污染信息与来自导航和气象系统的输入集成,并发送核生化警告信息给后续部队;2015年,美国陆军医学研究与卫材部资助研发的手持式皮肤利什曼病快速检测设备不需使用培训,可于30min内完成皮肤利什曼病的检测。核生化侦察设备主要有核爆炸监测设备、核辐射监测设备、生物检查设备、生物报警设备、生物鉴定设备、化学侦察设备、化学报警设备和化学监测设备等,目前已具备对核生化袭击进行侦察、监测、报警的技术手段,拥有了以核爆炸监测系统、装甲型防化侦察车、核生化侦察机器人等为代表的先进核生化侦察设备,能够在各种复杂条件下及时发现、报警各种毒剂和各种当量的核爆炸,进行未知毒物的化验监测,并快速报知分析结果。

防护设备是个人防护设备与集体防护设备的统称。个人防护设备是个人用于防止放射性尘埃、生物战剂及毒剂直接伤害的技术装备,美、俄等国军队配发防护面具、防护服、防毒油膏、个人消毒盒、消毒剂乳液等个人防护器材。利用高科技材料制成的光谱纤维和凯夫拉织物使防弹服在确保防护性的同时,能提高穿戴者的舒适性和灵活性,实现个人防护装备的轻量化;美国伊利诺伊大学和麻省理工学院联手开发的"隐形斗篷"能主动模拟周围环境,使士兵和装备迅速融入其中,实现隐蔽功能。集体防护装备是人群用于防止放射性尘埃、生物战剂及毒剂气溶胶等伤害的防护装备。美军2016年装备的生化防护帐篷系统(CBPS)由一顶硬壁帐篷和一辆高机动多用途轮式车辆组成,能够向工作人员、伤病员提供核生化防护。美军发展多种技术和方法有效地进行防腐蚀维护,对钢制面板与部件的腐蚀,利用铝、锌或铝合金的射流进行冷射流作用;对水箱采用可快速固化的单层涂料,快速形成防腐蚀涂层;使用清洗架设备,对存储中的装备进行除湿,尤其是其中的电子器件;为有效防止车辆金属腐蚀的发生,为车辆装备使用防水布和防水车罩;开发了抗腐蚀涂层技术,应用于涡轮发动机,使发动机压缩机寿命提高了10倍;用于海军陆战队联合轻型战术车辆等军用车辆的涂料添加剂具有类似于人体肌肤的自愈合功能,可防止车辆锈蚀。美国霍尼尔公司利用高分子聚乙烯研制的光谱纤维制作防弹服,能减轻用户穿着疲劳。纳蒂克士兵中心步兵作战装备组为美军设计出新一代防弹服——轻量化防弹作战服(Bulletproof Combat Suit,BCS)。此后又研发了一种信息腹股沟和股动脉防护装具。DARPA授予埃克索仿生公司一份新外骨骼的计划研发合同,推进"勇士织衣"(Warrior Web)项目。美国陆军和海军陆战队的小批量生产型"动力行走"轻型腿部外骨骼能采集能量,减轻士兵负担。美国陆军卫生器材局计划列装新型便携式氧气发生器 SAROS 氧气系统,由美国 ADS 公司和帕那科亚公司联合研制。美国斯坦福大学研究人员首次制备出一种可用于制作晶体管的可自愈弹性聚合物,实现了复杂电子表面模仿人类皮肤,将为新一代类皮肤可穿戴装备奠定基础。美国公司为"亚太再平衡"研发速干面料军服。美国 W·L·戈尔公司研发了一种具有卓越的吸汗和速干功能的新型军服面料,由美军特种作战部队推广到美国陆军和海军陆战队。在防护设备方面有防护面具、防护服、防护斗篷、防护手套和防护战靴等个人防护设备,以及滤毒器、滤尘器和制氧器等集体防护装备,防止放射性尘埃、生物战剂及毒剂气溶胶等伤害,以保障作战人员在核生化污染条件下的正常互动。

洗消设备是对遭受核生化污染的人员、装备、服装、地面、工事进行消毒消除的装备,包括喷洒车、淋浴车和燃气射流车等,美军研制的机器人洗消设备可使用洗消液以高压方式进行高速洗消作业,为了避免人员受染,美军还研制了机器人受染服装操作器和受染人员处理器。在洗消设备方面已拥有世界先进水平的洗消设备,如采用多体位脉冲技术的新型淋浴车、具有淋浴系统自动控制的新型热水锅炉以及采用新工艺材料的淋浴帐篷,有对多种对象(遭受核生化污染、进行特殊作业环境的人员、服装)实施洗消作业的多功能快速洗消设备,以及对染毒人员进行自救处理的单兵洗消设备,形成了功能全面、技术手段齐备、能彻底清除生化污染的设备体系。

烟火设备是能够使用发烟剂生成烟幕的装置、弹药、器材和车辆的统称,如发烟罐、发烟车以及随队保障烟幕系统等,美军发展智能化一体化烟火释放系统,使之具备烟火攻击、防护与欺骗等功能,并具备中、近程点面结合的全谱烟幕支撑能力。成功研制发烟剂,能快速大面积释放烟幕的多种发烟罐、发烟弹和发烟车,有效对抗先进的侦察、观瞄器材和光电武器系统,并研制具备点面结合、弹柱并举、远射近喷等能力的系列喷火装备,能以燃烧火焰射束杀伤人员,烧毁易燃军事装备和设施。

与美军防化保障设备相比,防化类设备存在以下问题:一是缺乏完善的核生化侦检技术和设备。在防范核生化恐怖活动的各项措施中,对有毒物质的检测和鉴别不能满足现场化学毒剂监测的要求。二是防化装备功能单一,智能化、机动性和防护性能差。目前的防化装备功能单一化、智能化水平低下、机动能力较差,防护性能不强,不能实现防护、洗消等工作的快速作业,严重妨碍了人员的行动。三是缺乏相应的指挥管理系统。目前,我国对核生化灾害的响应还停留在人工预警、信息管理的基础上,缺乏一套自动化的核生化灾害管理系统,难以有效地快速响应,造成对灾情处置的延误。

3. 军交类保障设备

美军军交运输设备(运输车辆、飞机、舰船等)配合 GPS,美军能在极短时间内统计出运输装备所处的具体位置及其所处的环境,系统能自动分析各种外在条件制订出较合理的运送方案。美国的地面机动保障平台包括"联合轻型战术车"(Joint Light Tactical Vehicle,JLTV)和"装甲多用途车"(Armored Multi - Purpose Vehicle,AMPV)。美国的空中机动保障平台包括名为"未来垂直起降"(Future Vertical Lift,FVL)的未来直升机,所需的后勤保障工作量更小。2016年,美国特种作战司令部选定诺斯罗普·格鲁曼公司为 C - 130J"超级大力神"飞机提供对抗系统,帮助飞行员识别、定位并消耗针对飞机的射频威胁。洛克希德·马丁公司制造的 AC - 130J 和 MC - 130J 是 C - 130 的升级版,专为执行长时间地面攻击任务而设计的特种作战飞机。美国的水上机动保障平台包括轻型机动支援船(MSV),满足未来战役战术移动和机动保障需求。美国海军完成最新远征快速运输船"卡尔森城市"号的验收测试。美国海军未来两栖船坞登陆舰"约翰·P·穆尔沙"(LDP - 26)已完成船厂测试。美国德事隆系统公司船舶与陆地系统成功地把 LCAC100 舰岸连接器的船体倒转过来,取得了突破性的进展。美国海军第 11 艘"圣安东尼奥"级两栖船坞登陆舰"波特兰"号(LDP - 27)下水,可用于海军陆战队远征部队战斗和支援单元的输送任务。无人装备具有使用成本低、人员风险小、军事效益高等优点,逐渐应用于战场物资运输投送、战场油料保障和战场医疗后送领域,如无人联合战术空中补给车——"飞行摩托",可用于战地士兵在数分钟内快速预定和接收补给物资。K - MAX 无人货运飞机自 2011 年在阿富汗部署,主要在夜间和较高空域执行补给品空头任务。美军波音公司生产的 A - 160T"蜂鸟"无人机,完成了空中投送任务。地面车辆加油机器人、飞机加油机器人、舰艇加油机器人等采用无人遥控运输补给方式,用于作战中油料补给,如美国海军陆战队正研究将空中受油技术集成到 MV-22"鱼鹰"运输机,能为美国海军陆战队各类飞机加油。美国空军测试的新型 R-Ⅱ"等体积"加油车集加油和泵送两种功能于一身,为 F-35 战机和 KC-135 空中加油机进行了加油操作。美国海军最新装备 CMV-22B 型"鱼鹰"运输机采用附加油箱技术,增加了航程。美国海军首艘新一代补给舰 T-AO205 命名为"约翰·刘易斯"号,为海上执行任务的舰船和航空母舰补给燃料和物资。2016 年,美军在一场多种无人机协同作业演示中,利用通用无人机控制部分体系结构,同时控制 2 架无人机和 1 辆地面无人车,互相协作,完成战场伤员的定位和后送。在卫星导航方面,美军 GPS 卫星,结合星基增强系统、精密定位系统、地基增强系统等,提供实时厘米级—分米级服务,非实时毫米级服务,满足各种高精度应用。同时,还开展原子惯导、微 PNT、新型光纤陀螺等新型、微型惯性导航设备,有效提升军队交通运输的保障精度。美军无人自主空中加油采用多通道的全球精确定位系统,基于传感器/GPS 的相对导航设计解决无人机空中加油中装备和油箱口的识别与定位问题。在数据传输方面,对通信数据链响应时间有更高的要求,以及时提供相互通信,保证信息和数据的实时收集、传递、处理。美军的无人空中加油技术的数据通信采用 LN-251,它基于 TTNT(战术目标网络技术)无线电协议的双冗余高流量数据通信,实现加油机和无人机之间的 GPS 数据和惯性数据交换。

在军交类保障设备方面,运输物资装备主要是指陆地运输车辆、空中运输飞机以及海上运输船等。在定位导航设备方面,随着科技的不断发展进步,GPS、GIS 技术在我军车辆监控调度管理工作方面的应用越来越广泛和深入。随着我国自主研制的具有自主知识产权的北斗卫星导航定位系统的初步建立,我军在这方面的研究也得到了极大的扩展,建立覆盖亚太地区的基于北斗的 10m/50ns 级的时空基准服务体系,正在建设地基增强系统,用于增强北斗卫星导航系统提供米级至分米级的高精度实时定位和数据服务。正在实施北斗三号卫星导航系统建设,预计在 2020 年实现全球覆盖,具备米级至分米级定位导航服务能力。但是,由于我军军交运输保障装备起点低、装备晚,在现阶段的发展中还存在着许多与智能化发展不相适应的方面:一是军交运输保障设备智能化滞后,各部队对车辆信息化基础设施建设不足,没有建立完整的军交设备智能化理论体系,并且管理缺乏与制度配合的相应标准,造成对军交装备使用的浪费;二是智能化军交运输保障设备的人才短缺,自主导航定位技术、多源融合智能导航、生物传感技术等先进的智能化技术还没有完全在军交运输保障设备中得到运用;三是隐真能力、抗毁伤能力及电子对抗性能还比较差,军交运输保障设备自身防护能力低,不能有效地躲避侦察监视,应对敌人的打击。

4) 工程类保障设备

工程设备是工程兵执行平时及战斗工程保障的重要手段,主要包括野战工程设备、建筑工程设备、军用桥梁设备、障碍物破除设备等。其中,野战工程设备伴随部队执行野战工程保障任务的军用工程设备,主要包括装甲工程车、挖壕机、挖坑机、挖掘机等。装甲工程车以美军"灰熊"破障车为代表,可以伴随坦克、机械化部队行动,遂行道路构筑、抢修,清扫雷场、排除障碍及克服防坦克壕等多种工程保障任务。美军的 HME 高机动挖壕机是 TEXS 战术爆破系统的一部分,实现了机械—爆破一体化;美国贝尔沃(Belvoir)发展了一种 CEE 战斗掩体挖土机,它能挖掘大小不同的平地坑和壕沟,并可挖掘前沿的大型工事。美军的 SEE 小型阵地挖掘机能完成推土、装载、挖掘、夹抓、插装等作业,选用辅助作业机具还可以完成凿岩、破碎、夯实、植桩、钻孔等功能;建筑工程装备主要包括军用推土机等,美军的万能军推(DEUCE)70%的部件为标准卡特匹勒商用部件,装车可用 C-130 运输机空运和低空投放;军用桥梁装备是机动性保障的重要装备,主要包括舟桥装备、桥梁装备以及辅助渡河桥梁装备。美军最新的 DRS 联合突击桥(JAB)系统 2017 年完成首批交付,它使用改进的 M1 Abrams 坦克底盘携带重型"剪刀"桥,可以在 3min 内部署完毕,为作战车辆提供穿越干湿地域的能力;障碍物破除装备,除了海军装备的各种破除水雷类障碍的各种舰艇外,大都是陆战使用的开辟通道的装备,主要是两栖装甲扫雷车和爆破扫雷装药等装备。两栖装甲扫雷车以俄罗斯的 YP-77 和美军的 AAV7A1 两栖装甲扫雷车为代表。爆破扫雷是登陆作战中破除障碍的重要手段,包括扫雷直列装药和燃料空气扫雷装药。扫雷直列装药以美军的 DET 分布式爆炸网、M157 爆破器为代表。美国的机动战术机器人系统 QnetiQ Talon(MTRS Mk1)和 iRobot Packbot(MTRS Mk2)系统在伊拉克和阿富汗战争期间用于执行排雷任务。

军用工程设备目前已经形成了以野战工程机械、建筑工程机械和保障机械

3类为主的工程保障设备。其中:野战工程机械主要有装甲工程车、多用工程车、开路机、挖壕机和挖坑机等,用于战时在敌火力下构筑和抢修道路、构筑各种野战工事和在敌障碍物中开辟道路;建筑工程机械主要有推土机、挖掘机、装载机、平地机、铲运机和压路机等,能进行道路、野战工事和大型掩体的土方作业,以及铲掘、推运、整平、装卸和牵引、大面积平整场地、挖沟、刮边坡和构筑矮路堤、边沟等多种作业;保障机械是用以配合野战工程装备和军用建筑装备作业以及进行工程装备维修的军用机械装备,目前,我军主要有工程起重机、修理工程车、架桥作业车、金木作业车、野战工事作业车、水源侦察车、风水冷两用电动凿岩机等装备。但我军工程设备整体处于机械化发展阶段,高新技术含量少,信息化、数字化建设起步晚,工程装备自动化程度低,稳定性差,智能化、无人化工程装备数量极少,信息不能得到及时反馈,工作效率不高。

4.2.2 发展趋势

4.2.2.1 保障系统发展趋势

信息化条件下的一体化联合作战,信息化保障装备将具有复杂化、网络化、可视化、智能化和精确化等特征,将综合运用物联网、大数据、人工智能等前沿创新技术,使得未来信息化保障装备具备全方位、全时空、全要素、全疆域、全过程的立体化形态,呈现信息灵敏感知、保障资源实时可视、保障智能筹划、投送协作共享、行动精准可控和智慧远程保障的发展趋势。

(1)向保障信息灵敏感知方向发展。将发展使用物联网技术对保障资源进行数字化标识,实现战场物资、油料、医院、维修工程等保障资源的联网,实时掌握保障需求、保障资源和力量分布;并将发展研制油料消耗传感器、弹药消耗传感器、军人保障卡标识牌、装备工况检测装置等末端感知设备,实时监测并采集官兵生命体征、物资消耗、装备损毁等保障信息,支撑智能判断伤情病情、物资消耗和装备损伤状况,减少战场人员和装备损伤。

(2)向保障资源实时可视方向发展。将发展使用RFID和信息栅格等技术,通过感知获取的生产采购、仓库储备、地方动员等各渠道的物资数质量信息,实现采购物资"出厂入网",储备物资"入库入网",动员物资"上车入网";及时获取分析后勤力量数量规模、编成部署、能力水平和重要设施数量规模、运行状态、保障能力等信息,使各级保障指挥员能够随时掌握保障资源总体状况。

(3)向保障智能筹划方向发展。将发展融合战场态势、作战决心、保障需求和保障资源等信息,按照"就近、就快、就便"的原则,依托智能预测和智能筹划手段,快速生成保障方案以及相应保障计划,模拟保障过程,预测方案优劣,确保各种情况下保障科学合理、精确高效。

(4)向保障投送协作共享方向发展。将结合我军战略投送海运和空运力量现状,以运输投送信息系统为基础,加强战略投送能力建设,构建军地一体、陆海空一体的战略投送体系,为多维、立体、全域、精准快速的兵力、物资和装备投送提供支撑。

(5)向保障行动精准可控方向发展。将发展综合运用信息技术,全程监控保障行动,根据战场态势、保障需求和保障进程变化情况,适时调整保障决心、保障计划、力量部署和保障方式,实现行动全面监控、遇情调整、回程有效利用,确保保障行动与保障需求精确对接、全程调控。

(6)向智慧远程保障方向发展。将发展使用信息灵敏感知步骤实时监测并采集的官兵生命体征和装备战技术性能等信息,智能判断伤情病情、装备油料消耗和装备损伤状况,结合士兵已有病例、装备已有维修状况等,进行远程会诊、装备加油和损坏装备器件的快速故障定位,实现远程伤员急救和装备维修。

4.2.2.2 保障设备发展趋势

随着信息化战争形态的加速演进,信息化保障设备将突出信息主导,推进保障装备的信息化跨域发展,实现保障设备能力的倍增效应,并重视设备本身性能的提升,进行通用化、标准化、模块化建设,使用新材料以及人工智能、无人等新技术提升保障效能,支撑高机动高效的性能伴随保障。同时,将增强可集成性提高保障设备综合保障能力,发展多种型号的保障设备,以提高完成多样化军事任务和非战争军事行动的能力。

在感知类保障设备方面,向感知准确、信息快速获取、传输安全可控的方向发展:一是将重点发展物联网、自动识别技术集成化等技术,研制智能末端感知装备,保障在准确的时间、地点为作战提供准确数量、质量的保障信息,最大限度地节约保障资源;二是将发展支撑新一代物联网的高灵敏度、高可靠性智能传感器件和芯片,攻克射频识别、近距离机器通信等物联网核心技术和低功耗处理器等关键器件;三是将发展能模仿人的智能,具有思维、感知、学习、推理判断能力的主动感知装备,实现大场景下高动态、高维度、多模式分布式感知,以及复杂场景的超人感知和类人认知。

在防化类保障设备方面,向信息化、智能化方向发展,将重点发展微量检测、免疫和遥测技术,并使防化装备具备轻便、耐用、防护性好等特性,适应未来军事行动的突发性强、时效要求高、环境复杂的特点。一是核生化侦查装备除了在各种环境条件下核生化检测准确外,需具备轻巧、检测速度快、范围广等特性,提高核生化威胁的快速处理能力;二是新时期的防护装备要求轻便、结实、防护性好,可水洗、无处理限制,弯折时不发生破裂,自带温度调节系统;三是洗消装备将向多功能、模块化、智能化、防污染方向发展,具备效率高、速度快、低腐蚀、无污染等特性,保证武器装备、人员在核生化战争条件下的生存力和战斗力。

在军交类保障设备方面,适应未来信息化战争对军交运输保障的要求,将由"信息化"向"智能化"方向发展。一是将重点强化军交运输保障装备的智能识别跟踪能力,通过加装定位、跟踪、识别、控制、探测等信息化设备,使军交运输保障装备具备自动定位、自动识别、自动跟踪、自动探测能力;二是将增强军交运输保障装备的自我检测能力,实现军交运输保障装备的智能检测;三是将发展自主无人系统计算架构、复杂动态场景感知与理解的运载装备,研制具备量子自主导航、超智能导航等功能的适应性智能导航装备,实现智慧化运输和调度。

在工程类保障设备方面,将向信息化、标准化、智能化等方向发展,具备轻型、多功能、高效率的特性,解决未来战争中工程兵遂行工程保障任务的时间紧、范围广、任务重等问题。一是将对现役工程装备进行信息化、数字化改造,研制新型的信息化、数字化工程装备,提高其在信息化战场上的工程保障能力;二是要提高工程装备的智能化水平,将利用传感器技术、人工智能技术实现信息反馈,实现对自身状态的智能调节、控制、监控与诊断;三是将发展具备高动态复杂环境响应与自主学习、强实时协同控制和智能决策能力的工程机器人，实现在极端温度、磁场等条件下以及非结构化环境下的高安全性、高实时性、高精确性工程作业。

4.3 重点装备

4.3.1 智能化保障系统

智能化保障系统主要由智能后勤保障系统和智能化装备维修保障系统组成，如图4-2所示。

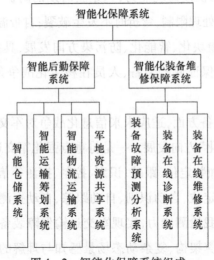

图4-2 智能化保障系统组成

1. 智能后勤保障系统

智慧后勤保障系统是以高灵敏度、高可靠性智能传感器件和信息技术为支撑，建设深度感知智能仓储系统，在军事物流的加工、运输、仓储、包装、装卸搬运、配送、信息服务等各个环节实现系统智能感知，全面分析，及时处理及自我调整功能，实现物流规整智慧、发现智慧、创新智慧和系统智慧的现代化保障系统。主要包括智能仓储系统、智能运输筹划系统、智能物流运输系统、军地资源共享系统等。

(1)智能仓储系统是指采用先进的RFID管理,通过产品上安装的RFID电子标签,实现对产品的可视化管理,RFID手持终端被广泛应用于仓储管理中的入库清点、物资上架、盘库点仓、物资出库、检索查询等环节。

(2)智能运输筹划系统是使用融合战场态势、作战决心、保障需求,基于后勤人员基本衣食信息、医疗信息以及保障物资数量分布等大数据信息,按照"就近、就快、就便"的原则,依托智能预测和智能筹划手段,快速生成运输保障方案以及相应保障计划。

(3)智能物流运输系统通过RFID电子标签、卫星定位系统、可视化监控系统、路线智能规划系统等,对在途货物实施智慧化管理和控制,并实时将运输过程中的货物状态反馈给供需双方。

(4)军地资源共享系统是通过整合共用的计算和存储资源,构建信息池和知识池,汇集、分析和存储多元异构数据,实现"数据→信息→知识"的转化,并集成民用业务服务(如城市交通、网络舆情等),形成高效融合的信息共享环境,实现军地资源共享和按需获取。

2. 智能化装备维修保障系统

智能化装备维修保障系统是借助通信网络将地域分散的保障现场节点有机连接与协同控制,提供保障装备信息感知、运行状态监测、装备性能评估、故障预测分析、故障诊断隔离与维修辅助支持等操作业务,实现装备故障预测、远程故障诊断、损坏装备器件的快速故障定位和装备精准维修。主要包括装备故障预测分析系统、装备在线诊断系统和装备在线维修系统等。

(1)装备故障预测分析系统是基于数据挖掘分析、趋势预测以及影响因素,针对已有的装备性能健康进行分析,为部队维修预案、经费预算、装备故障规律形成预测报告。

(2)装备在线诊断系统是针对装备战技术性能、运行状态等数据进行装备异常情况诊断分析,实现对损坏装备器件的快速故障定位和故障检测等远程在线诊断。

(3)装备在线维修系统授权用户可以采用手动或自动的方式接收装备状态信息和故障诊断信息,通过多种途径(远程专家支持、人工智能引导等)来获取相关技术资料(包括装备设计技术手册、预防性维修计划、维修经验和维修记录数据等),优化确认后自动生成维修策略和维修保障计划,通过远程语音、视频等方式指导辅助用户进行远程在线维修。

4.3.2 智能化保障设备

智能化保障设备主要由智能感知设备、智能运载设备、智能防化设备和智能工程设备组成,如图4-3所示。

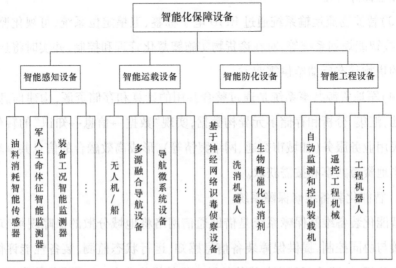

图4-3 智能化保障设备组成

1. 智能感知设备

发展支撑新一代物联网的高灵敏度、高可靠性智能传感器件和芯片,如油料消耗智能传感器、弹药消耗智能传感器、军人生命体征智能监测器、装备工况智能监测器等末端感知设备,实时监测并采集官兵生命体征、物资消耗、装备损毁等保障信息;攻克射频识别、近距离机器通信等物联网核心技术和低功耗处理器等关键器件,实现对战场物资、油料、医院、维修工程等保障资源的联网,实时掌握保障需求、保障资源和力量分布。主要包括油料消耗智能传感器、军人生命体征智能监测器、装备工况智能监测器等。

(1)油料消耗智能传感器是实时采集装备油料消耗数据,用于辅助进行装备油料消耗情况的大数据分析和预测的感知设备。

(2)军人生命体征智能监测器能够实时监测并采集官兵生命体征,用于辅助进行伤员的远程病情分析和预测。

(3)装备工况智能监测器能够实时监测获取装备战技术性能、运行状态等数据,用于进行装备异常情况诊断分析和预测。

2. 智能运载设备

加强车载感知、自动驾驶、车联网、物联网等技术集成和配套,通过加装定位、跟踪、识别、控制、探测等信息化设备,发展具备自动定位、自动识别、自动跟踪、自动探测和自动检测等能力的无人机、无人船等军交运输保障装备,探索自动驾驶汽车共享模式;增强军交运输保障装备的通信能力,通过建立具有高可用性、鲁棒性、弹性的 PNT 体系,构建多源融合导航装备、导航微系统装备以及量子导航装备等,提升导航终端的融合集成和智能应用能力。主要包括无人机/船、多源融合导航设备、导航微系统等。

(1)无人机/船是一种具备自动定位、自动识别、自动跟踪、自动探测和自动检测等能力的军交运输保障装备。

(2)多源融合导航设备以芯片级高精度惯性器件与原子钟为基础,结合 GPS、磁罗盘、气压计、雷达、地理测绘等多种传感器获取的信息进行多源信息融合,实现基于融合信息的智能辅助导航,提高导航精度、可靠性和抗干扰能力。

(3)导航微系统设备是为应对 GPS 因故障、敌对打击或干扰等原因无法提供服务的情形,利用自备测量设备及定位系统实时确定自己位置和速度,实现韧性的导航定位授时。

3. 智能防化装备

智能防化设备是具有多功能、模块化、智能化、防污染等特性,能够高效、低腐蚀、无污染地实现对生化威胁进行探测、侦检、分析、销毁、洗消及个人防护的设备。重点发展微量检测和免疫技术,研制基于神经网络识毒模型的化学侦察设备,实现迅速、准确和灵敏地获取、存储、处理、传递和显示战场毒剂信息,提高化学侦察自动化水平;为提高洗消装备自动化、智能化水平,研制洗消机器人,保证武器装备、人员在核生化战争条件下的生存力和战斗力;研制多用途、低腐蚀、无污染的洗消剂,如生物酶催化、过氧化物消毒剂、纳米金属氧化物和自动消毒涂料等,实现洗消过程中的"绿色"环保。主要包括基于神经网络识毒侦察装备、洗消机器人、生物酶催化洗消剂等。

(1)基于神经网络识毒侦察设备是基于神经网络识毒侦察装备能够实现迅速、准确和灵敏地获取、存储、处理、传递和显示战场毒剂信息,提高化学侦察自动化水平。

(2)洗消机器人是通过智能控制,达到精准快速洗消,避免人员受染,保证武器装备、人员在核生化战争条件下的生存力和战斗力。

(3)生物酶催化洗消剂是一种具有低腐蚀、无污染等特性的洗消剂,实现洗消过程中的"绿色"环保。

4. 智能工程设备

智能工程设备主要包括两类:一是在工程设备中嵌入微电子、计算机智能、远程遥控、计算机集成制造、系统控制和电子监控等高新技术,使工程设备具备类似于人的"眼睛、神经和大脑"的功能,提高装备的使用水平,实现工程兵在信息化战场上作战行动的协同性,增强实施精确保障的能力。如带有自动监测和控制功能的装载机、有激光找平自动控制功能的平地机以及能在有毒、危险情况下工作的遥控工程机械等。二是基于人工智能、无人驾驶等前沿科技,研制具备独立工程保障能力的智能化军用工程机械。如能够扫雷、探雷、排爆和危险地带工程作业的工程机器人。主要包括自动监测和控制装载机、遥控工程机械、工程机器人等。

(1)自动监测和控制装载机是在装备机中嵌入微电子、计算机智能、系统控制和电子监控等高新技术,形成自动监测和控制能力。

(2)遥控工程机械是通过在工程机械装备中远程遥控、计算机集成制造和电子监控等高新技术,形成具备类似于人的眼睛的能力,提高装备的使用水平。

(3)工程机器人是一种具备独立工程保障能力的智能化军用工程装备,能够实现扫雷、探雷、排爆和危险地带等的工程作业。

4.4 关键技术

面向可视掌控保障资源、智能筹划保障任务、快速动员保障力量、精准配送保障资源、全程调控保障行动等智能化、一体化支援保障需求,支撑智能化保障系统和智能化保障设备发展,需重点发展保障智能筹划技术、保障协同投送技术、保障行动智能管控技术、基于机器学习的故障预测分析技术、智能化远程在线装备保障技术、军地一体化联合精准保障技术和无人化智能保障技术等前沿高新技术,全面提升保障装备的智能化、自动化和无人化水平,形成信息灵敏感知、智慧物流、智能处理能力,支撑境内全域机动、境外重点覆盖、精确快速保障,充分发挥部队整体作战效能。

4.4.1　保障智能筹划技术

紧紧围绕战场物资运输、装备维修、伤员救治等保障需求,融合战场态势、作战决心、保障需求和保障资源等信息,按照"就近、就快、就便"的原则,依托智能预测和智能筹划手段,快速生成保障方案以及相应保障计划,模拟保障过程,预测方案优劣,确保各种情况下保障科学合理、精确高效。

4.4.2　保障协同投送技术

运用军事物流和军事运筹等技术,根据保障决心和保障方案,结合我军战略投送陆运、海运和空运力量现状,智能制订运输计划,合理选用运输手段,灵活调配军地运输力量,有机衔接运输方式,统筹优化运输路径,智能化选取最佳配载方式,支撑在最短的时间,多维、立体、协同地将物资、兵力及时准确送达预定地域。

4.4.3　保障行动智能管控技术

综合运用信息技术,全程监控保障行动,根据战场态势、保障需求和保障进程变化情况,智能化适时调整保障决心、保障计划、力量部署和保障方式,实现行动全面监控、决心遇情调整、回程有效利用,确保保障行动与保障需求精确对接、全程调控。

4.4.4　基于机器学习的故障预测分析技术

采用深度学习方法,通过构建具有多隐层的机器学习与结构化特征模型,实现海量装备故障数据高效而准确的分析处理，形成强大的从装备故障样本中集中学习数据集本质特征的能力，支撑对故障发生原因的深入分析、精确定位，提高故障预测的准确性。

4.4.5　智能化远程在线装备保障技术

针对装备保障调配、补充、抢救与维修等操作业务的综合保障问题，突破智能化无损检测、智能化远程分布式状态监测、基于增强现实的远程操控维修、基于 CPS 的在线测量诊断维修机器人、3D 打印等技术，提升远程装备保障的状态感知洞察能力和无人智慧能力，实现保障信息感知、运行状态监测、装备性能评估、故障预测分析、故障诊断隔离与维修辅助支持等操作业务的远程综合保障体系。

4.4.6　军地一体化联合精准智能保障技术

针对军地资源共享、军地资源协同配送等需求，加强多维、立体、全域、精准快速的军地一体保障研究，以物联网、云计算、人工智能、新材料技术等为手段，突破军地一体化远程支援、全资可视化、故障预测与健康管理、基于机器学习的装备故障预测分析等关键技术，实现装备状态全域感知、保障物资智能规划调度等，确保装备保障种类、数量、方式、路线等能够精准计算、高效调度、快捷运送与成本经济。

4.4.7　无人化智能保障技术

为减少人员伤亡或特殊任务保障，使用无人机、无人船等运载装备，通过嵌入微电子、远程遥控、电子监控等高新技术，实现无人精准运输以及战场复杂地形条件下的后勤自主保障等任务；在仓库货物的入库、分拣、存储等阶段，通过二维或三维视觉识别技术，实现智能机器操作的全流程无人仓储。

4.5　发展影响

未来智能化化战争将对军队保障装备产生了广泛而深刻的影响，需要有信息化的精确保障支持,满足作战行动多维、快节奏、联动的要求。通过加速融合大数据、边缘计算、人工智能等前沿技术与保障装备的深度融合,牵引保障装备模式创新、推动保障装备体系重构、支撑保障装备系统保障能力发展。

4.5.1　牵引保障装备的保障模式创新

保障装备的保障模式是保障系统诸要素在保障过程中形成的相对稳定的作用方式,包括保障力量编组、方式方法选择、保障资源配置、保障装备组织实施程序和方法等相关内容。由于大数据、人工智能、物联网等技术在保障装备及系统中的深度融合,将促使保障装备的保障模式发生以下变化。

1. 由"独立保障"向诸军兵种"联合保障"的转变

未来智能化战争的主要作战样式将是诸军兵种高度一体化的联合作战,战争的胜败取决于强大的体系作战能力和与之相协调的保障能力,而传统的各军种"分散独立"的保障模式已难以满足联合作战要求。将各军种独立的保障机构转变为一种分布式的、联合的基础设施,建立了各军种通用的一体化保障信息系统和连接所有地方企业的信息系统,保障模式实现了由各军种"独立保障"向各军种"联合保障"的转变。

2. 由"逐级保障"向"直达保障"的转变

"直达保障"的基本特征:在时空上,既包括战前有预见的预置预储等超前准备,又包括相对于伴随保障的超前投送;在对象上,既包括建制系统内部的纵向平面超越,又包括各军兵种之间的横向立体超越;在内容上,既包括保障装备的保障专业勤务或若干物资器材保障的单项超越,又包括保障装备的维护、修理、改装、技术检查、维修器材筹措与供应等的全面超越。

3. 多点全维聚焦保障模式初步形成

未来智能化战争是非线性作战,多点、多向、多种样式作战并交织进行,其"动态性"特征改变了保障装备的保障时空观。单一空间形式的保障样式,单一时间序列的保障行动,都难以满足智能化战争保障装备要求。所谓多点全维聚焦保障,就是针对非线式作战的"动态性"特点,将多点保障、全维投送和能量聚焦3种保障形式有机结合起来,迅速集结多点的保障资源和力量,运用多维的投送方式,准确聚焦到特定的保障地点。全维保障适应智能化作战全维打击、全维机动的需要,实现了全方向投送、多种力量并用,既可以进行地面保障、海上保障、空中保障,又可运用自身力量、其他军兵种力量,甚至民间力量进行支援保障。

4.5.2　推动保障装备的保障体系重构

在未来智能化战争中,各军兵种的界限和战略、战役、战术行动的划分将逐渐模糊,一体化联合作战、体系与体系智能对抗成为突出特征,对保障装备的保障思想、模式等方面产生了深刻影响,进而导致保障装备的保障体制、运行机制发生重大变革。

1. 指挥管理体系结构向扁平化"网状"发展

在未来智能化化条件下,传统的"烟囱"式保障装备的保障管理体系不仅会延误保障速度,而且容易出现局部被破坏则整体保障能力严重受损的现象。为此,世界发达国家军队正在致力于将传统的"烟囱"式指挥管理体系转变为更加灵活的扁平式"网状"结构。这种"网状"结构不仅具有较强的生成能力,而且能使保障信息快速、顺畅、有序地流动,达成"知识流"导引"物质流"的效果。

2. 保障实体编制向多功能化、模块化发展

在军队保障体系的一体化重组过程中,为了提高野战保障部队的综合保障能力,世界各国纷纷按照多功能的要求,调整军、师以及团级保障部(分)队,保障部队的编制向多功能化和模块化方向变革。

3. 维修体系进一步精简

随着装备信息化程度的不断提高和战争形态的发展,保障装备的保障体系在总体上呈现出简化的趋势。一是装备维修级别进一步减少。由于信息技术的发展,装备系统的模块化程度和可靠性水平的不断提高,以及合同商保障改革的不断深化,将在更大范围内实行两级维修。二是供应环节进一步精简。为满足信息化战争对物资器材快速供应的要求,美军采取了由总部保障机构超越战区和集团军等级别的保障机构,直接对参战的基本作战单元提供物资器材保障的做法,物资器材的供应环节进一步减少。

4.5.3 支撑保障装备的系统保障能力发展

保障装备内外环境的深刻变化,推动保障装备的系统保障能力向敏捷化、综合化、精确化、防护全维化、指挥高效化等方向发展。

装备保障敏捷化。未来智能化条件下作战行动的突然性、精确性和信息火力打击的高效性,要求保障装备系统能敏捷相应作战行动,及时发出装备保障指令,快速组织进行装备保障,并同步实施装备防护、抢修等工作,装备保障工作应与作战行动同步或先机展开,确保装备随时可用。

装备保障综合化。从体系构成方面看,装备体系构成的系统性、整体性,需要实施综合保障。从技术特性方面看,装备体系结构复杂,质量可靠性要求高,需要运用多种保障工具和手段。从保障力量方面看,现代作战的合同化、联合化、一体化程度越来越高,装备保障力量呈现出高度的综合性,应按照平战结合、寓军于民、军民结合的原则,推动保障力量体系向综合化、一体化方向发展,最大程度缓解保障需求与保障能力之间的矛盾。

装备保障精确化。智能化条件下现代作战需求的多变性,保障装备保障方式的多样性,以及保障装备保障系统的复杂性,要求充分利用以信息技术为核心的高新技术,统筹规划保障装备的保障需求,科学制订装备保障计划,合理运筹装备保障力量,精确投放装备保障力量,为部队装备作战使用提供适时、适地、适量的装备保障,实现装备保障资源利用的最佳化。

装备保障防护全维化。装备保障防护关系到装备的生存和作战能力的发挥,为增强装备保障系统生存能力,保障智能化条件下装备作战能力有效发挥,必须开展立体全维的装备保障防护能力建设。

装备保障指挥高效化。智能化条件下的装备保障是一种复杂环境下开展的系统工程活动,需要在最短时间内实施装备物资的供应、调配、维修、抢修和防护等工作,任何一个环境的严重失误,都会对整个作战行动的装备保障工作,乃至整个作战的进程和结局产生重大影响。为保证装备保障活动的有序高效,必须做好保障装备保障的统一指挥、组织协调和系统控制工作。